麼狀況都有，因此造就了形形色色的芸芸眾生，也產生了每個人不同的壽命與疾病。

說真格的，在家自己做，最安心，最便宜，最健康，但是很多人覺得麻煩，不切實際。這本書為的就是要擊破這樣的想法，自食其力，真的沒有那麼困難，透過第一章及第二章簡單的養生常識A到Z，大家先有了初步的概念後，進到第三章十八道DIY超級簡單食譜，連潘老師這麼笨手笨腳的人都會，相信你一定沒問題，go ahead。最後第四章，教你如何用前面的知識與十八套做菜的本事，實際運用到三餐之中，並加以變化。真的是rediculous simple，rediculous easy（太簡單、太容易）。

期望大家都能夠利用此書跨出養生的第一步，也是最重要的一步，只要任選一道你認為最簡單方便的料理，動動手，並且吃吃看，你將步入一個嶄新的人生，先預祝大家身體健康，事業順利，家庭和樂。

你最好的朋友　潘懷宗教授

自序2

三代人的傳家菜

——游謦榕博士

就在短短的二～三年之間，從一隻不會做菜的「菜鳥」蛻變到能做一整桌年夜飯的「中鳥」！厲害吧！在家自己DIY，做出健康又美味的餐點，我可以，你也一定可以哦！

說到我的菜鳥過程，要回想三十年前，當留學生時，大學剛畢業，一直以來把全部重心都放在讀書上，會做的菜就只有二樣：煎蛋跟炒高麗菜（哈哈，夠少了吧）。到了國外，為了省錢，三餐都要自己料理，從學習使用電鍋開始，慢慢摸索。當時留學生都是人手一本食譜，想吃家鄉味的時候，就翻開食譜，按圖索驥一番，聊勝於無，能夠解解饞罷了。但做菜，真的不是我的強項。

自從潘老師開了火鍋店，因為飯後甜點想要跟別人不一樣，而且能吃得健康，於是我開始跟潘奶奶學習做甜酒釀，意外受到熱烈喜愛，讓我信心十足。加上女兒出國念書，想念老奶奶的手藝，於是我三不五時地跟潘奶奶學習潘老師跟小孩們喜歡吃的料理，用心作筆記，做成SOP。照著SOP，自己做，然後拿給潘奶奶品嚐。就這樣，一道一道健康又好吃的料理，就端上桌了，就連年夜飯，也可以大展身手，做一整桌菜呢。味道是會傳承的，三代人都喜歡吃的料理，要像傳家寶一樣，一直傳下去。

這本書的十八道菜都是家常菜，利用現有的簡單食材和調味料就可以製作出來。不論你是沒時間準備三餐的上班族或是家庭主婦，都一定要看這本書，書中的家常菜，每一道菜都很簡單，在家DIY，就可以做出愛心餐點，從早餐到晚餐，一道一道都是自製、健康、養生、不含添加物的料理，不必花大錢，容易做又好吃，快來試試！

目錄

PART 3

潘懷宗18道家傳養生食譜

PART

4

吃出長命百歲的健康養生便利貼

PART 1

健康與長壽
誰偷走你的40年？

01

誰偷走了你的40年？

不到一百歲的人，用三秒鐘想像一下，當你一百歲時要過怎樣的生活？你的畫面是兒孫齊聚一堂，歡樂過年發紅包？還是你自作主張，邀請了「病魔」來擾亂你原本美好的畫面？

你永遠都可以說，沒關係，來日方長，慢慢想無妨。但真實的世界卻異常殘酷，「病魔」往往都是在無聲無息之中赫然的到來，讓你措手不及，屆時，後悔都已經太遲了。

沒錯！病魔的確是長壽最可怕的損友；而健康則是長壽最親密的益友。人不怕活得久，只怕病得久。很殘酷的事實是，許多人臨走前在病床上度過五年、甚至十年，方才兩腿一伸闔上眼，那樣對病床上的自己或是病床邊的親人，都是相當折磨與痛苦的，真讓人不忍也不願想像。因此，很少人敢「奢望」自己一百歲仍勇健且衣食無虞，寧願任由「臥病在床」的刻板印象先入為主，讓「病魔」這傢伙先搶到籃板得分，導致你把「健康百歲」當夢想，連想都不敢想……還沒想就先投降：「難啊！」。

但，全球專家們，都在努力研究活出健康長壽的方法。而在我涉獵古今中外健康養生的研究與典籍之後，我愈來愈相信那應該不難，不僅不難，而且，非常簡單就能做到。

均壽與醫療

我很愛歷史，雖然我不是學歷史的，在所有歷史故事的演變之中，還是三句話不離本行，當然會特別留意和健康醫藥有關連的事件。

舉例來說，那些天命世襲、錦衣玉食、位高權重、御林軍隨扈遍布皇宮，還有太醫二十四小時待命的帝王們，享受著最優渥的生活、最無虞的醫療資源，應該長命百歲壽終正寢才是，但……歷史寫的劇本卻不是安徒生童話永遠幸福快樂的王子公主，我驚覺：中國歷史上短命的帝王還真不少。（有人統計歷代二〇九位皇帝的平均壽命只有三十九歲）

譬如，赫赫有名的曹操之子魏文帝曹丕享命僅四十歲、曹操之孫魏明帝曹叡更短命，只活了三十五歲，所以才讓司馬懿有了篡權的可趁之機。不禁令人唏噓感嘆，即使生在帝王家，生命與老百姓一樣脆弱，即使擁有再大的城池、再多的財富、再強的國威，帝王們也跟一般人一樣，敵不過無情病魔的折磨。我小時候的「第一直覺」猜測，應該是他們過度流連後宮三千佳麗，耗損精力過度才如此短命吧？相信很多人都跟我一樣會這麼猜測。但進一步查證後，發現，很多尚未成年就早逝的帝王，連子嗣都還沒有就掰掰了，根本沒有開始享受到後宮佳麗，遑論耗損精力過度了，這現象挑戰了我的第一直覺，顯然，早死的原因不在後宮佳麗三千，或者說，這絕不是第一原因。

追根究柢本性難移的我，特別為此又查閱了資料研究，發現原來當時的中國版圖中，人的平均壽命也才只有二十多歲，這才澄清帝王早死和沉溺花叢不務正業並非絕對相關。而諷刺的是，曹操三代皆視為心頭大患的司馬懿——謹慎堅毅南征北討三朝為臣的驃騎將軍，在兵馬倥傯內憂外患中卻整整活了七十二歲。這歷史故事也告訴我們：錦衣玉食不等於健康、平均壽命也不等於個人壽命。

據推測，中國人歷代平均壽命為：夏、商時期十八歲，周、秦時期二十歲，漢代二十二歲，唐代二十七歲，宋代三十歲，清代三十三歲，民國初期三十五歲。可見人類的壽命隨著時代演進及醫藥發展而愈來愈長壽。相對於以前人說「人生七十古來稀」，而我們現在台灣的均壽已達八十歲，所以七十歲早就不「稀」了。換句話說：我們這一代都要為長壽做好準備（老友、老本、老伴和健康的身體）。

當然，也有活過七十歲的皇帝，譬如清朝康熙皇帝（八歲登基，當了六十一年又三一八天皇帝，享壽六十八歲）、乾隆皇帝（最長壽的皇帝，當了六十年皇帝享壽七十八歲）。康熙皇帝的一生，或許正逢西方醫學大幅躍進的年代，與西方醫學有幾次偶然邂逅，據傳說，當年因為康熙幼年熬過天花存活下來，具有免疫力，才被西洋傳教士推薦給順治成為繼承帝位的皇子人選；另有一說，康熙在率兵親征蒙古時染上寒熱病（瘧疾），性命垂危，在那些腦袋快不保的太醫們束手無策之際，康熙服用了西洋傳教士帶來的金雞納霜（奎寧），才又神蹟般的起死回生繼續征戰。另外，康熙駕崩那年，人類才在復活島研發了抵禦細菌的抗生素。在此之前，即使中醫博大精深，但對於細菌所傳染的疾病，當時俗稱瘟疫，也只能盡人事聽天命。

鏡頭再拉近一些，創建中華民國的國父孫中山先生，眾所周知所學就是一名西醫師，倡導「中學為體、西學為用」，從此，西醫東漸，醫療技術發達，平均壽命刻度遂扶搖而直上，從民國初年的三十五歲到現在的八十歲。再把鏡頭看近一些，從民國九十七年到一〇七年的十年間，台灣人的平均壽命從民國九十七年七十八點六歲增至一〇七年的八十點七歲，平均每過一年，每個人都可以延壽兩個半月。所以，人愈來愈長壽不僅是過去進行式、也是現在進行式，應該更會是未來進行式，我們做好無「病魔」的長壽準備才是上上之策。

先人智慧這麼說

我從小時候就很納悶，台灣話常說的「呷百二」（活到一二〇歲）是什麼意思？哪有人能活到一二〇歲？但後來讀《尚書》揭示「『壽』，百二十歲也」。巧合的是，目前金氏世界紀錄最長壽者，出生於一八七五年法國，享壽一二二歲半，比《尚書》說的「壽」還多活了兩年半。而在中醫理論的基礎典籍——兩千多年前成書的《黃帝內經》中也說：「盡終其天年，度百歲乃去」，指出人至少應該活到一百歲。試想，古人連醫院都沒有，就應該活一百歲，現代醫療科技發達就更應該活更久，怎麼會只有現在的平均壽命才八十歲呢？差太多了吧！

百歲人瑞這麼過

從前，想當官必十年寒窗讀聖賢書；從小若要效法偉人，老師要我們讀偉人傳記；從現在起，想要養生防老，保持健康活力長壽，從遠在北歐的瑞典醫學研究、鄰國日本的田野調查、到台灣人瑞養生之道，讓我們來看一看什麼才是長壽的正常生活。

1 | 瑞典醫學研究

與故前行政院長孫運璿同年，八五五名出生於一九一三年的瑞典男性，在一九六三年也就是他們五十歲的時候，接受了長達五十年的健康和生活追蹤研究，其中百分之二十七活過八十歲、百分之十三慶祝過九十歲生日，有十位超過一百歲。研究報告[1]顯示，長壽者共通特點是：保持身材、不抽菸、控制每天四杯以下咖啡，

1——《北歐心血管》期刊 Scandinavian Cardiovascular Journal, 2015; 49: 45–48

維持良好姿勢、保持愉快心情，此外，對生活條件感到滿意也是一大要素，包含五十歲前擁有自己的房子。研究也發現，長壽者的母親也健康長壽，這點是和遺傳基因有關，後天無法改變，我們先不談。因此，研究人員於是建議遠離香菸、維持健康體重與節制一天最多喝四杯咖啡。

2 日本長壽村民健康秘笈

日本最著名的長壽鎮——京丹後市，只是個普通靠海的小鎮，但它不僅是金氏世界紀錄最長壽男性——木村次郎右衛門先生的家鄉，且根據二〇一三年的調查研究，在當地五萬九千多人裡，就有五十九位超過百歲，平均一千人裡面就有一個人瑞。依照比例原則，台灣應該有二萬三千位人瑞，但實際卻只有零頭三千多人（三二八〇人，一〇七年衛福部）。

這麼盛產長壽老人的小鎮，的確讓人合理懷疑有傳世秘笈，但經過實地訪查，當地百歲人瑞的生活，多半到百歲仍勤於勞動、培養興趣，在環山面海的小鎮最常吃的是蔬菜、海產、與豆類。最長壽男性——木村次郎右衛門先生的養生秘訣，就是每天鍛鍊身體、不畏逆境、親近大自然、笑口常開。他的名言就是「三餐少一口，活得更長久」，規律的三餐時間特別值得關注。獲得金氏世界紀錄認證的木村先生每天固定七點吃早餐，十二點吃午餐，晚上六點吃晚餐，從來不會跳過一餐不吃。這就是適當且規律的生活作息（正常生活）。

3｜台灣崔介忱爺爺

眼見為憑，讓我們來看看台灣。二〇一九年在Youtube還流傳著一段獨門保健運動示範影片中，男主角中氣十足、眼神炯炯有光、面色紅潤！這位「男主角」是民國前一年出生的崔介忱老先生，現年已經一一〇歲，他說健康長壽有四大要件：第一營養要夠、第二睡眠要夠、第三運動要夠、第四有愉快的心情。催爺爺也參加電視節目推廣他的長壽順口溜：「飯勿吃太飽，覺要睡得好，運動每天做，營養不可少，儘量找快樂，切莫尋煩惱，赤子心常在，百年也不老，不做虧心事，人格比天高，為人不貪墨，子孫也逍遙！」。

其實這些人瑞過的日子並不偉大，反觀歷史上的許多偉人與聖賢則似乎沒那麼健康長壽！但，可以確定的是，古今中外，所有百歲人瑞們都沒有用什麼仙丹妙藥來進補延壽，他們只是在日常生活中有節制、有節律地活著（日光二十四小時節律，所謂的天人合一）。觀察這些人瑞的生活細節，必定可以發現保持健康長壽，不外乎的良好生活習慣：習慣吃蔬果、習慣運動、習慣規律作息，習慣開朗愉快，這樣就能享受這些「習慣」的好結果：那就是健康長壽。

為何女性較耐命

如果，一二〇歲是安享天年的正常歲數，而台灣地區目前平均壽命卻只有八十點七歲，綜觀歷史，醫療技術從沒像今日這樣發達，維持生命的設備也從未像此時這麼完備，怎麼我們竟然比缺乏醫療的「古人」還要少活了整整四十年？到底是誰偷走了這四十年？原因又是什麼？

（二〇一九年九月十一日內政部公布「一〇七年簡易生命表」，國人平均壽命為八十點七歲，其中男性七十七點五歲、女性八十四歲）

以科學角度，讓數字說話的發現是：近代世界紀錄百位高壽之前十七名都是女性，也就是說，若將最長壽男性（木村次郎右衛門）排到女性隊伍裡面只能排到第十八名，把第二長壽的男性（克里斯蒂安．莫特森）排到隊伍裡勉強擠進第二十六名，更望塵莫及，第一高壽的那位比「一二〇歲天年」還多活兩年半的女性（雅娜．卡爾芒）。顯然，女性奪魁者比男性平均多活六年半。

再把場景從全球的歷史廣角聚焦回到台灣地區的現在，根據一〇八年九月內政部公布之一〇七年簡易生命表，台灣男性平均年齡七七點五歲，女性八十四歲，很明顯的也是女性活得比較久，平均也是多活六年半，難道真的是因為女生比較愛學習、少看政論節目、常看健康節目嗎？答案絕對是肯定的！千萬記得，下次太太要轉台，不看政論節目，只看健康節目時，一定要支持老婆大人。

萬變不離其宗，我解析女性較長壽的可能原因有二：其一、在態度上，女性比男性學習意願高，男性通常較堅持己見、不喜歡改變；其二、在習慣上，女性比男性願意動手做，男性通常較傾向方便簡單最好、不喜歡麻煩。

輕鬆健康「呷百二」

大處著眼小處著手，我們就從這男女影響壽命的態度上和習慣上的兩大罩門上，來對症下藥，也就是說，用最輕鬆的方式，從平民日常生活中，來創造你健康的一二〇歲：態度要積極和習慣要改變。

媒體上，教大家健康養生長壽的秘訣，多如牛毛，有人用一招、有人用一百招，無論多少套路多少招，只要抓住原則，事情就變得超級簡單。

人生路迢迢，不能亂糟糟，既然古人說「壽」可達一二〇歲，而我們平均年齡八十歲僅僅達三分之二，等於說一百分的考卷，我們才拿到六十六分低空飛過及格邊緣，這也表示進步空間很大，要進步到八十分、九十分，只要多用功一點，或者補充一點技巧，就絕對會有很大的效果。

在英國知名健康食品網站 Healthpan 的莎拉布魯爾（Sarah Brewer）醫師，以英文字母第一個字母A到最後一個字母Z，搭配養生的方法或食物，提出二十六招維護健康的要訣，我認為趣味性與實用性兼具，很值得參考。我特別彙整並且將其「本地化」列出台灣版的A—Z養生妙招。另一方面，A到Z大家都知道，順便學學英文，根據研究，運用雙語刺激大腦，有預防阿茲海默症的效果，而失智也是健康長壽最不想打交道的損友之一。不失為一舉數得的好辦法。

以前人養兒防老，現代人要養生防老。如果你能把我提倡的方法，記下幾個你做得到的並且養成習慣，即使沒能離金氏世界紀錄的長壽排行榜近一點，也至少能離病魔遠一點了。

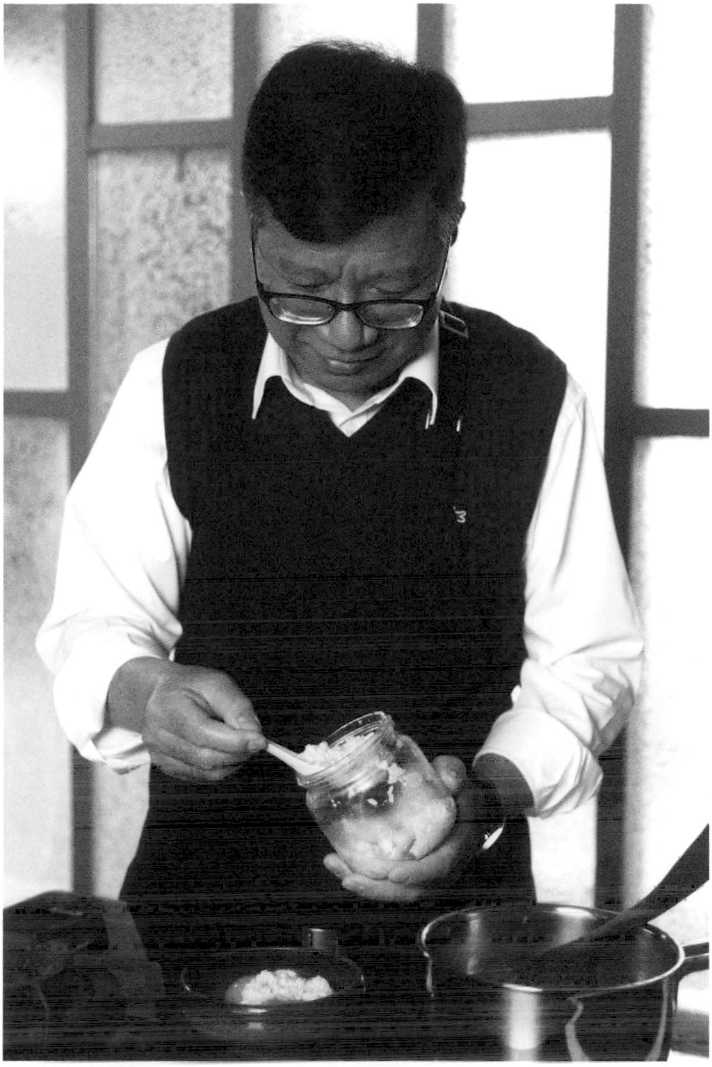

PART 2

A—Z
養生26招

A Abstinence

—節制—（特別是酒，也可以包括性）

若你拿酒給小朋友喝，通常會換來一個噁心的表情。但對成人來說，酒則是很普遍的被用在喜慶歡聚的時刻，在大宴小酌中，它確實有助培養氣氛和舒緩情緒，但別忘了：酒是限制級的，我並不是指廣電媒體的酒類廣告只能在晚上九點至早上六點之間播放，而是說喝酒一定要有所節制。

大家都略知喝酒傷肝，肝臟要負責代謝酒精，肝臟過勞時，細胞就容易發炎，長期持續發炎容易導致肝硬化、肝癌。中國俗話說：酒是穿腸毒藥，其來有自。在中醫師觀點：酒性濕熱，濕傷脾，增加消化系統負擔影響功能，而且酒精進入消化道，對於食管黏膜、腸胃黏膜都易造成灼傷。因此，喝太多酒，甚或酗酒，它就成為肝腸寸斷的殺手。

此外，將 Abstinence 這個字列在首位，還包含一層特別重要的意義：節制。也就是務必提醒一個重點：任何吃喝玩樂穿衣睡覺都要有節制，凡事夠就夠了，切勿過頭。即使喝水、睡覺、運動，若過度的話也都傷身。我列出的幾項健康妙招，更須謹守節制這個原則，即使是好的營養素，也不能拼命吃，吃多了或做過頭了，容易使原本要幫助健康的方法變成了另一種的負擔，反而適得其反。

因為「節制」實在太重要、太基礎了，所以 Abstinence 這個字擊敗超級 A 咖 Apple 蘋果，被單獨列在了首位，其實就是中國人所謂的中庸之道。

B Bananas

香蕉

猴子愛吃香蕉不是沒道理的，香蕉富含生物鹼（Alkaloid），有助於振奮精神、提升自信心，另外還含有色胺酸（Tryptophan），可以幫助大腦製造血清素，對於緩解緊張情緒很有幫助。看看西遊記裡的孫悟空，從來不緊張，永遠老神在在、精神奕奕，或許因為常吃香蕉吧？

不過我們都不是孫悟空，不會七十二變。尤其在現代都會區，工作壓力、升學壓力、家庭壓力……弄得一家老小身心俱疲，一天吃一兩根香蕉有助於舒緩常見的壓力問題。而且吃香蕉有飽足感，肚子餓了當點心充飢，免洗免切既方便又補充營養、舒緩心情，絕對是家庭必備良食。不過熱量高，要注意。一年四季盛產的香蕉，稱得上是台灣人天上掉下來的禮物。我家附近的水果店，琳瑯滿目的水果，只有兩個位置永遠不變，一個是各國進口的蘋果、另一個就是台灣的香蕉。

香蕉是許多運動選手的最愛，可以即時補充消耗掉的能量，也能補充流汗排出的電解質。

營養功效

香蕉幾乎含有所有的維生素和礦物質，可以很容易地攝取各種營養素。例如：香蕉膳食纖維含量豐富，具有很好的通便效果；香蕉含有寡醣成分，具有能降低腸道的壞菌，增加腸道好菌的作用；香蕉含有相當多的鉀和鎂離子，鉀能防止血壓上升及肌肉痙攣，而鎂則具有消除疲勞的效果。從小孩、到老年人，都能安心地食用，並補給均衡的營養。但也因為熱量高、含糖量高、高鉀……等特性，對於血糖控制不佳、肥胖、患有腎臟疾病的人來說是需要小心攝取的。

C

Celery; Citrus fruit

芹菜及柑橘類水果

1 Celery 芹菜

除了偏食者，芹菜是台灣家家戶戶餐桌上佳餚，經常扮演著香味來源的重要角色，不但增色美觀，芹菜的營養價值相當獨到。

芹菜含高鉀，可促進體內的鈉排泄、消水腫，也能幫助減重，況且，每一百公克芹菜，熱量僅十七大卡；而經常被丟掉的芹菜葉，事實上有幫助降血壓的功效，可以泡茶或者當香菜使用，吃起來味道也相當清新解膩。

除了餐桌美食，芹菜也可以用來打蔬果汁，若工作忙綠不常烹飪的外食族，也別錯過芹菜的好處。

2 Citrus fruits 柑橘類水果

柑橘類是地球上產量第一名的水果類別，台灣品種也包羅萬象，包含椪柑、柳橙、桶柑、文旦、葡萄柚、檸檬、茂谷柑、金桔及紅柑都屬柑橘類水果、台灣同時也進口甜橙和萊姆，非常普遍且隨處可見。

柑橘類水果營養價值最大特色是，富含抗氧化劑黃烷酮，有減少氧化壓力、減輕肝臟損傷、降低血脂和血糖等作用，進而達到減重及預防慢性疾病之功效。

柑橘類除了果肉好吃，其果皮也有一項特異功能：大多數人應該都有過剝橘子、柚子的經驗，在一瞬間，一股清新香甜（或酸甜）在空氣中迸出，通常帶來開朗、潔淨、純真、愉悅等美好情

緒感受，因此，柑橘類果皮煉製的精油相當受喜愛具有鎮定、緩和情緒、幫助睡眠的好處。有此一說，在床頭放一顆橘子，其發散的氣味，不僅能幫助睡眠，還有室內芳香的效果。

芹菜與柑橘類，兩者都是多用途C字訣裡面的寶貝，並列第三名。

營養功效

1.芹菜營養豐富，含有胡蘿蔔素和其他多種維生素B群、維生素A、C及鈣、磷、鐵。芹菜可以降血壓、減輕肌肉痙攣以及促進食慾。不管生熟食對於一般人來說芹菜都是很好的食物，但對於患有腎臟疾病的病患就需要避免攝取過多的鉀，此時就應該多選擇燙過的蔬菜，且菜湯要盡量避免吃到喔！

2.柑橘內含有豐富的鉀、維生素B群、維生素C及抗氧化成分，具有減少氧化壓力、減輕肝臟損傷、降低血脂和血糖等作用。有在服用降血壓藥物的人要特別注意，柑橘類會代謝藥物，而引起副作用。所以不管是在吃藥前中後都應盡量避免飲用柑橘類飲品，尤其是葡萄柚汁的影響效果最甚。

D

Dark Chocolate

黑巧克力

電影《賭神》最深植人心的，不是銀幕上的賭技也不是演技，而是……享譽國際、轟動武林、驚動萬教的堂堂賭神，竟像個孩子一樣愛吃巧克力。

但其實，背影哥創始人賭神所吃的巧克力，並非小孩愛吃的牛奶巧克力，而是黑巧克力。在動輒百萬上億的賭局中，精明絕頂的賭神吃黑巧克力更是高明的心機。因為吃黑巧克力可以增加大腦內苯乙胺（PEA）濃度，苯乙胺是一種神經調節物質，有緩解情緒壓力的作用。多項研究顯示，缺乏苯乙胺可能是促使憂鬱症發病的原因之一。

此外，黑巧克力與香蕉一樣也含色胺酸，有助穩定愉悅心情。

黑巧克力不是市面常見的含糖分、牛奶比例高的巧克力，而是指至少含百分之七十以上可可的固態成分，但因為黑巧克力本身依然含有高熱量，短時間攝取過多的黑巧克力反而有增胖的可能性，所以潘老師提醒大家一天只能吃幾小片。

營養功效

巧克力含有豐富的鐵、鈣、鎂、鉀、維生素A、維生素C和可可鹼，黑巧克力中的可可成分較高，可可中含有黃酮類化合物(flavonoids)，具有維持低血壓、減少血栓、氧化和發炎等的功能。應適量食用，短時間攝取過多的黑巧克力有可能導致咖啡因相關的副作用，例如：神經緊張，排尿增加，失眠和心跳加快等狀況。

E

Exercise

運動

人類自從發明錢之後，就開始有肥胖的危機。因為許多人從此不需要耕作、不需要狩獵，不需要勞動了。但人是一種動物，毫無疑問的！動物本能就是要動，獅子想飽餐而羚羊要跑、羚羊不想被吃掉就得要跑得比獅子快。所以不需要快跑保命和勞力工作餬口的人類又發明了運動娛樂這玩意。

愛動腦筋的科學家們，甚至計算出運動可以在三十分鐘內迅速提升五倍腦內啡濃度，讓人情緒高亢。運動還能增加十倍新陳代謝速率，增進脂肪燃燒，同時促進生長激素分泌使人變年輕。

英國營養雜誌曾發表過，飯前運動比飯後運動對於身體脂肪調節和脂質代謝較好。另有一項研究發現，如果改變飲食習慣再加上多做運動，會比僅僅改變飲食多減掉將近百分之四十的重量。

台灣人瑞崔介忱爺爺說運動是「內練一口氣，外練筋骨皮」，對本身就有運動習慣的人來說，運動不難。有人把運動當習慣，有人把運動當功課，在還沒養成習慣時，就是功課。就像小時候學國語，一個生詞要寫十遍：運動運動運動運動……。

大家都知道運動好處多多，但時間少少，時鐘上的秒針動得比人快，對忙碌的現代人來說，忙碌成了不運動的理由。但不運動要找理由，運動則是理由正當，百歲人瑞崔介忱爺爺在電視節目上公開說自己「能坐著就不躺著、能站著就不坐著、能活動就不站著」，這種養生方法比上健身房更簡單也更方便。

現代連辦公桌都能站著打電腦，光是把屁股離開椅子站起來，就算是運動了。許多歐美研究發現，不時站起來工作，對新陳代謝、肥胖、工作效率都有正面效應。前美國總統歐巴馬，就為白宮行政辦公室採購了站起來辦公的配備，有趣吧！

F Fish

魚

在我小時候，普遍物資匱乏，飯桌上難得有魚，大人說吃魚會變聰明，現在台灣人的家裡，只要願意，不僅年年有餘，更可以天天有魚。

台灣是亞熱帶海洋中的島嶼，在台灣東南沿海與東北外海，黑潮經過受到地形引起上升流形成天然漁場，使我們四季都有新鮮的漁產可吃。根據研究，台灣海洋生物種類約佔全球物種的十分之一，包含千百種海藻、螺貝、軟體動物，螃蟹，蝦，及二千六百種魚類。很少有人能說出一百種魚類名稱，除了廚師。

魚類所含的營養素跟其鮮味同樣令人垂涎。

世界衛生組織建議，每人每週至少吃三次魚。尤其是小型深海魚，像是秋刀魚、沙丁魚、野生鮭魚。魚類含有優質蛋白質，富含 Omega 3 不飽和脂肪酸（深海魚油），包含廣告中常聽到的 EPA（降低三酸甘油酯）、和 DHA（維持正常神經系的傳遞、幫助記憶、提高學習能力），Omega-3 是人體很重要的好脂肪，腦細胞、視網膜、心臟及母乳中都含有大量的 Omega-3，隨著年齡增長，人體合成 DHA 的能力隨之減退，更需要補充。

營養功效

深海魚中的 ω-3 脂肪酸就是 DHA（docosahexaenoic acid；二十二碳六烯酸）及 EPA（eicosapentaenoic acid；二十碳五烯酸）。這兩種長鏈的不飽和脂肪酸，人體都無法自行合成，需由食物中獲得。深海魚類因富含油脂，所以不管煎、烤、清蒸都非常適合，只是要注意外食有可能會利用包覆食鹽的方式來避免烤焦，此時可能會攝取到過量的鈉而造成身體的負擔。選購時應選擇小型（如：秋刀魚）而非大型深海魚，主要是盡量避免因食用深海魚類，而間接攝取到過量的重金屬問題。

G

Garlic ; Ginger

大蒜、薑

1 Garlic 大蒜

中式料理少不了兩樣寶：大蒜和薑。它們不僅能增加料理香氣、提高食慾，在中西醫學中，這兩樣寶貝有獨特的營養價值。

以美食著稱的法式料理與義式料理也都少不了大蒜。大蒜不僅含有蛋白質、碳水化合物、維生素B1、維生素B2、維生素C、菸鹼酸及鈣、磷、鐵、鋅、硒、銅、鎂等無機鹽，還含有大蒜素及稀有微量元素鍺。人參也含有鍺元素，因此大蒜也不比人參差喔！由於大蒜能增強精力，古埃及時代，建造金字塔的奴工都會發給大蒜來維持體力，而由於有助陽補腎的功用，佛經也將其列為葷食。

大蒜在台灣人眼中，普遍認知有

殺菌效果，在二〇〇二～二〇〇三年間SARS（非典型肺炎）肆虐之時，台灣被世界衛生組織列為全球疫區之一，隨即掀起一陣大蒜風，除了消化道潰瘍的人不能生吃大蒜外，大蒜生吃是比較好的吃法，根據實驗結果，煮沸二十分鐘大蒜的抗菌活性會完全消失。除了殺菌，大蒜也對抗壞情緒，一項研究指出，大蒜持續適量吃四個月，有顯著改善情緒的作用，如活動力增加、覺得快樂、較易集中注意力等。「大蒜是個寶，常吃身體好」，多吃大蒜會讓人有幸福感。

2 ─ Ginger 薑

薑與大蒜一樣都是全球華人飲食文化中不可或缺的食材。薑絲、薑母、薑汁、薑茶、薑油、薑粉、薑湯、薑母鴨……無所不在。薑含有超氧化物歧化酶（SOD），可以抑制體內脂質過氧化，因而具極佳抗衰老功效。有人說：「朝食三片薑，猶如人參湯」，薑也是中藥材的一員，具有發汗解表，溫中止嘔，溫肺止咳功效。《本草綱目》：「生用發散，熟用和中」。

營養功效

1. 大蒜內含有蛋白質、碳水化合物、維生素B1、維生素B2、維生素C、菸鹼酸及鈣、磷、鐵、鋅、硒、銅、鎂等無機鹽，還含有大蒜素及稀有微量元素鍺。蒜素是改變細菌叢生態的幫手，可以調整體質，調節生理機能，促進新陳代謝。大蒜對於消化道有疾病(胃潰瘍……)的人來說是不適合生吃的，有時候大蒜會導致腸胃道出血，所以有在服用抗凝血劑的朋友們要特別注意。

2. 薑內含有蛋白質、脂肪、醣類、粗纖維、胡蘿蔔素、維生素、鈣、磷、薑辣素等營養素。生薑在有些研究發現會有延緩血液凝固的作用，如同大蒜。如果有在服用抗凝血劑的朋友們要特別注意。

H Hummus

鷹嘴豆泥醬

這毫不起眼的鷹嘴豆泥醬，讓現代包含希臘人、敘利亞人、猶太人及土耳其人都搶著收編到自己的祖宗食譜上。有人說，十三世紀的阿拉伯食譜中就已經提及，甚至有人說更古早的，《聖經》〈路得記〉（約西元前一千年前）早已經提及這道沾醬了。

但這道搶手的中東國民餐點，在台灣並不常見，除了餐館料理，近年才有進口罐頭，它是一種當沾醬、抹醬皆宜的泥醬，它的成份相當稀鬆平常：包括鷹嘴豆、中東白芝麻醬、檸檬汁、橄欖油、跟大蒜。但這簡單的配方卻風靡了幾個世紀，大多搭配麵餅、麵包或鮮蔬，一路流傳至歐美、甚至到亞洲。這輝煌歷史，讓還沒嚐鮮過的人，可以想像其令人吮指回味的程度。

營養功效

主要食材鷹嘴豆的身世，也像豆泥醬一樣是各單位各執其詞，它既是豆類、蛋白質類、蔬菜類、堅果種子類、也是澱粉類食物。它高纖、高鉀、低鈉，且富膳食纖維、優質胺基酸，此外，相較於糙米，鷹嘴豆約有三倍以上的蛋白質、纖維質及鐵質，而鉀含量則多達七倍。國際市場研究公司Mintel的《二〇一七年全球飲食趨勢》報告預測，鷹嘴豆是當紅食材。英國名廚傑米．奧利佛（Jamie Oliver）就將鷹嘴豆視為超級食物。

鷹嘴豆因外型有個小小的鷹嘴，聽起來雄壯威武，但在台灣它最普遍的名稱是雪蓮子。因為雪蓮子口感與蓮子相似，有時被魚目混珠做蓮子湯之外，連剉冰店都備有雪蓮子配料。

不過，雪蓮子與蓮子營養成分各有所長，所以即使有價差，但消費者並不一定吃虧，唯獨有特別狀況者要留意，例如：鉀含量差別大，腎臟病者要小心，現在台灣都會蔬食餐廳菜單常見有鷹嘴豆的足跡。

蓮子 生／20克		雪蓮子 生／20克
28.2卡 ♛	熱量	73卡
5克	碳水化合物	12.2克
1.6克	膳食纖維	2.5克 ♛
1.9克	蛋白質	3.9克 ♛
0.1克山 ♛	油脂	1.2克
23.7毫克	納	1.6毫克 ♛
61毫克 ♛	鉀	219.1毫克
13.9毫克	鈣	19毫克 ♛
19.8毫克	鎂	23.4毫克 ♛
6.3毫克	Omega-3脂肪酸	28.2毫克 ♛

資料來源：衛福部食藥署台灣食品營養成分資料庫（皇冠代表在營養成分上勝出）

1 Iodine

含碘食物

甲狀腺素是一種重要的荷爾蒙，主要功能是促進代謝，刺激組織生長、成熟和分化，加快心跳。而碘則是甲狀腺製造甲狀腺素的原料，是人體必需的元素，過與不及都不行。

碘在大自然中大多存在海水中，因此地面植物不含碘元素，海裡植物海藻類，像是海帶、紫菜、髮菜是食物含碘最高的典範，其中海帶是榜首，相對於海藻類，海魚含碘並不高。特別需要留意的是，許多加工食品含碘量高，是因為加了碘鹽。此外，孕婦若缺碘，胎兒缺乏甲狀腺素有可能會造成腦部受損。

營養功效

碘可以製造甲狀腺激素，如果缺碘，會導致甲狀腺功能低下、抑鬱、脂肪容易堆積在體內等問題，可以常吃含碘量豐富的海藻類食物(如：海帶、海菜等)；不過，如果本身有甲狀腺功能亢進的問題，那就要避免掉含碘的食物；也要特別注意含有硫氰素的蔬菜(高麗菜、花椰菜……等十字花科蔬菜)會影響碘的吸收，但也別擔心，只要經過煮熟，這類物質就會被破壞了。

J

Jujube

棗子

從前，北方人家的前後院常會有一兩棵棗樹，翠綠色的棗花結出綠豆大小的幼棗，看著棗子慢慢長大像是在樹枝間盪鞦韆，以前人說「七月十五棗紅圈，八月十五棗落杆」，意味著七月十五青棗開始轉變成紅色，到了八月十五棗子熟透，就拿竿子把果實打下來，當水果生吃或者曬乾。

台灣盛產的水果是青棗，不同於大陸的紅棗（冬棗），棗子在青色與紅色的時期，因為兩者成熟期的不同，營養價值也各有所長。水果行賣青棗、冬棗，含豐富的維生素B、C，鈣、鉀、鎂，可降膽固醇、提升免疫力及減重等功效，還有中樞神經抑制作用，所以棗子具有安神、鎮靜的功能。這年頭水果也競爭激烈，有人說冬棗才是維生素C含量居冠的水果。

而中藥行賣的紅棗和大棗都屬於棗子的變形分身。分別有益氣養血安神、及養心益肝斂汗功效。但若用於煲湯及調味，最好不要烹煮過久才能保持較完整的養份。

營養功效

棗子內含豐富的維生素B、C，鈣、鉀、鎂等營養成分。棗子可降低膽固醇、提高人體免疫功能、促進食慾、促進血液循環、抗氧化、養顏美容等功效。可搭配沙拉或是水果食用，如同一般水果，建議可攝取多樣化的水果，避免大量攝取單一水果。

K

Kale

羽衣甘藍

羽衣甘藍近兩年在台灣成為養生新食尚，它原本只是歐美普遍的蔬菜，屬於十字花科家族的一員。有一位紐約哥倫比亞大學臨床助理教授德魯．萊姆西（Drew Ramsey, MD），甚至專為它出一本書《羽衣甘藍的五十道陰影》（50 Shades of Kale），介紹五十道羽衣甘藍抗癌、抗發炎、抗抑鬱的食譜。近年，羽衣甘藍在網路、百貨超市、與少數傳統市場都能買到，甚至，在藥妝店的減肥酵素或茶飲，也不難發現羽衣甘藍出現在成分表中。

營養功效

羽衣甘藍營養素非常多元，富含β-胡蘿蔔素、維生素A、C、E、K、鈣、鐵、鉀等營養素，每一百公克羽衣甘藍含有3.6克的膳食纖維，有促進腸胃蠕動、防便祕，及降血糖、血脂功能。維生素K，有幫助血液凝固、活化骨鈣蛋白、預防血管硬化與骨質疏鬆等功能。還擁有能夠加強肝臟系統解毒的含硫物質。再加上低卡，因此有「黃綠色蔬菜之王」的美譽。這些營養價值綜合起來，最簡單的說法：抗氧化、抗發炎、幫助身體代謝。

在德魯．萊姆西書中，他號稱羽衣甘藍的維生素C含量比橘子多兩倍，而鈣質的含量也比牛奶多3倍，或許是羽衣甘藍也被稱為「超級蔬菜」的原因。

吃法

羽衣甘藍生熟食皆適合，腎臟病患應該要注意含鉀量，而另一方面因含維生素K，所以有在服用抗凝血劑的人也要特別注意。

L

Lemon

檸檬

相對於新近養生時尚的食材，檸檬屬於祖師級的聖品，是女性養顏美容多年不墜的長青選擇。但一向跟美白畫上等號的檸檬，其實對男女都有很大的幫助。

營養功效

眾所周知檸檬含有維生素C，具抗氧化功效。檸檬更含有柚皮素、橙皮素、橘皮素等柑橘類黃酮，有促進代謝、預防脂肪合成，也可以有效減掉腹部脂肪。檸檬酸也有助於鈣吸收。

檸檬清新的香氣，可以幫助提振精神，緩解煩躁，對於皮膚及身體也有很多積極的調理作用。

吃法用法

檸檬入養生這行很早，因此，除了當水果、入菜、飲品、佐料等食用價值之外，檸檬從頭到腳、從皮到籽各方面功效已經被發展得淋漓盡致，尤其清新的香氣，早為台灣人所熟悉，可說是最早、也最廣泛應用在生活上的水果，譬如檸檬洗碗精、檸檬洗衣精、檸檬室內香氛、檸檬冰箱除臭劑……等，日常家庭中喝檸檬汁時榨過的檸檬渣，除了可以放進冰箱除異味，還能直接放在廚房洗手用，無論你處理過大蒜、海鮮等食材，或洗過油膩碗盤，檸檬皮渣隨時都能給你一雙芳香滋潤又美白的玉手。

M

Milk

—牛奶—

根據韋伯字典（Webster's Dictionary），英文「Milk」不僅指牛奶，而是「雌性哺乳類產出用來哺育小孩的白色營養液體」或「其他似奶的營養液體」。我們最普遍的奶包含牛奶（Cow Milk）、羊奶（Goat Milk）、和母奶 Breast Milk，沒有特別指定時，Milk 就是牛奶，是我們日常飲食中鈣的主要來源之一。

營養功效

根據衛福部國民健康署，建議每日攝取1.5-2杯乳品類，增進鈣質攝取，保持骨質健康。
為什麼補鈣這麼重要？ 許多人知其然不知其所以然。鈣質占人體重1%-2%，它是構成骨骼、牙齒、細胞壁的必須成分，是人體中礦物質需求最高的物質，一位50公斤的人，可能就承載著1公斤的鈣在身上。鈣質99%存在於骨骼與牙齒，1%散佈在血液、細胞、肌肉組織。當血鈣濃度不足時，骨骼鈣就會進行骨質分解，讓鈣流進血液中，血鈣如果不足時會影響神經，可能造成興奮甚至手腳抽蓄，所以失眠、抽筋都有可能是缺鈣；但，若血鈣濃度過高時也不好，鈣質會轉成骨骼鈣暫存，或者，由腎臟負責隨尿排出體外。
但人類隨著年紀增長，對鈣質吸收能力降低，所以坊間充斥許多銀髮族補鈣的商業廣告。牛奶是補鈣很方便的選擇，一般牛奶每公克約含1毫克鈣。
市售牛奶包含全脂、低脂、脫脂。乳脂攜帶脂溶性維生素ADEK，占了全脂50%的熱量，而脫脂奶在除去乳脂過程中，同樣也移除上述脂溶性維生素，不過維生素B2與鈣這兩大養分，在低脂牛奶與全脂牛奶中含量並無差別。
過去，低脂乳品被認為有減少脂肪攝取之好處，但據衛福部公布，近年來許多研究發現，並不會因為攝取全脂乳品，而提升慢性病風險或造成體重增加，也就是說全脂與低脂乳品好處幾乎相同。
牛奶也是維生素B2（核黃素）的優質來源。維生素B2在人體內無法儲存，因此每天需補充，它對於中老年人眼部保養相當重要，可降低白內障風險。

全脂／低脂／脫脂奶　營養成分比較表

營養素 每100cc	全脂奶	低脂奶 —	脫脂奶 （高鈣配方）
熱量	67大卡	46大卡	38大卡
蛋白質	3.0公克	3.0公克	3.1公克
脂肪	3.7公克	1.4公克	0公克
飽和脂肪	2.4公克	0.9公克	0公克
反式脂肪	0公克	0公克	0公克
碳水化合物	5.5公克	6.0公克	6.5公克
鈉	45毫克	45毫克	50毫克
碳	100毫克	100毫克	130毫克

N

Nuts

堅果類

工商社會相較於農業時代的人，應該「沒看過豬走路也吃過豬肉」！就像很多人都吃過堅果，但一問堅果是什麼？就答不出來了。

堅果類指包覆在果肉／果皮／果殼內之堅硬的種籽／果仁／果核。常見的堅果包含：杏仁（Almond）、開心果（Pistachio）、胡桃（Pecan）、南瓜籽（Pumpkin seed）、松子（Pine nut）、芝麻（Sesame）、核桃（Walnut）、腰果（Cashew）、榛果（Hazelnut）、巴西堅果（Brazil nut）、夏威夷豆（Macadamia nut）……它們原本是各自果實內的種籽。

營養功效

雖然植物看起來不油，但種籽內都含有油脂，堅果類含有Omega 3、Omega 6人體無法生成的多元不飽和脂肪酸、與人體可生成的Omega 9單元不飽和脂肪酸，都是屬於人體需要的脂肪酸，有助維持健康血膽固醇值。

堅果不僅是蛋白質、膳食纖維的良好來源，且礦物質含量相當豐富，特別是富含鎂、鉀、銅、硒等與心血管健康相關礦物質，是堅果好吃又迷人之處。

對於必需補充葉酸的孕婦，富含葉酸的堅果：核桃、腰果、栗子、杏仁、松子是輕便簡易的零食。堅果的單元不飽和脂肪，除了提高好的膽固醇濃度外，還有助於調控血糖，每天吃一點點，有助於控制體重，如果多吃一點，則有助於增加體重。

另外，堅果一定要吃原味的。市面上許多的人工調味堅果，只會增加身體負擔，沒有什麼特別的好處。

O

Oats

燕麥

燕麥是國人相當熟悉的健康食品，屬於高纖的全穀雜糧類，含有豐富的蛋白質、脂肪、維生素B、維生素E、膳食纖維及礦物質鈣、鐵。並含有豐富的脂肪酸Omega 3、6、9，其脂肪的含量為麥類中最多者，適量食用有助抑制飯後血糖濃度上升，改善血糖、降低血中總膽固醇及低密度脂蛋白膽固醇，改善血脂偏高問題，且對於改善便秘也有助益。

不過，根據研究指出，食用燕麥雖有助降低膽固醇，但過量食用卻可能使三酸甘油酯升高，其實就是澱粉攝取太多的意思。

燕麥產品也五花八門，除了一般原味的燕麥片外，調味後的加工食品，如香甜順口的燕麥奶或者燕麥粥仍然要停看聽多注意標示成分。燕麥還能增加白天耐力，在一項針對澳洲運動員的研究顯示，攝取燕麥為主的飲食持續三週，可以增加百分之四的體力。大部分燕麥都含有麩質，所以如果本身有麩質過敏的人就要小心食用。

營養功效

燕麥富含多種必須營養素：蛋白質、膳食纖維、多種維生素B及多種膳食礦物質。具有改善睡眠品質、增加體力及增加白天耐力的功能。不過，大部分燕麥都含有麩質，麩質是大部分營養的來源，對麩質會產生過敏者，在攝取燕麥時就要小心食用。

P

Pesto

羅勒青醬

青醬是搭配義大利麵的傳統醬料，起源可追溯到羅馬帝國時期。現今為人所知的羅勒青醬，主要材料是羅勒、松子、大蒜、橄欖油、奶油、起司。羅勒因富含維生素B2、B3、C、E，具抗氧化功效，可用糙米飯加一些羅勒及磨碎的起士、核桃及橄欖油混合，就是輕食午餐的最佳選擇。青醬本身含油脂已經很多了，也可以搭配較乾爽的生菜沙拉、水煮雞胸肉或是法國麵包一同食用，避免再用更多的油去烹調。

羅勒在台灣並不普遍，通常會用九層塔代替羅勒做青醬。但台灣不負美食王國盛名的稱號，許多美食店家已經把青醬在地化且發展出台式青醬料理，如：青醬炒飯、青醬蚵仔湯包，中西合璧相當有創意。

營養功效

羅勒（九層塔是羅勒的一種）因富含維生素B2、B3、C、E，具有強大的抗氧化、防癌、抗病毒和抗微生物性能功效。青醬本身含油脂已經很多了所建議可搭配較乾爽的生菜沙拉、水煮雞胸肉或是法國麵包一同時用，避免再用更多的油去烹調。

Q

Quinoa

藜麥

為免日後老外聽不懂，我們先上一堂英文課，藜麥英文Quinoa的u不發音，源自印加語Kinwa，因為藜麥是南美洲最早的作物之一，古印加人推崇為「五穀之母」。

再偷偷告訴你，藜麥雖在台灣俗稱穀后，它其實不是麥、不是穀類，它與穀王（Amaranth）一樣同屬莧科植物，而非穀類的禾本科，所以又叫做假穀物或準穀物。挺有意思，連「穀類」身分證都沒有的還能稱后，可見它本事有夠大。美國太空總署（NASA）就指定藜麥為太空人食物，而要登上太空梭指定食物者，必須符合基本原則：提供人體需要的「所有」營養素而且吃得飽……這樣本事夠大吧！

營養功效

藜麥蛋白質含量比牛肉高，富纖維、富礦物質微量元素、含Omega3不飽和脂肪酸……「所有」營養素，而且低升醣指數（GI）、熱量低且易飽、不含易過敏成分，不含膽固醇……所以，包含糖尿病、麩質不適者都能吃……適合所有人食用。

台灣不產藜麥，只有進口，所幸台灣藜（紅藜）跟藜麥是近親，同樣是莧科藜屬，營養成分也相近。

藜麥本身無特別氣味，所以可以添加任何的米類產品或是沙拉中，如果純以藜麥替代米飯，對輕易坐擁山珍海味的台灣饕客而言，適口性並不優，但是也跟羽衣甘藍一樣，是一種多元全方位的營養補給，在烹調上取巧，就如同世界麵包烘焙冠軍吳寶春，就是用台灣藜麥調配成營養又美味的麵包。

R Radish

白蘿蔔（菜頭）

長得像人參的，似乎不免會和「人參比一比」，所謂「冬吃蘿蔔夏吃薑，不勞醫生開藥方」。即使菜頭和人參並不宜相提並論，不過市井之上，也譽稱菜頭為十月小人參。

台灣十月至二月是菜頭盛產季，可能適逢年節，所以菜頭這俗又有力的名字，直接被化妝成好彩頭，在所有喜慶場合搔首弄姿。不過，菜頭可不只是個花瓶，它的營養價值也是很厲害的：包含膳食纖維、維生素C、維生素B、礦物質鈣、磷、鐵、鎂、鈉，蘿蔔嬰甚至含有鋅、鉬等稀有元素。

白蘿蔔本身含醣化酵素等成分，對於抗癌與糖尿病早有盛名，更值得留意的是，蘿蔔皮富含一種特別的營養素蘿蔔硫素，將被開發成為有潛力的藥物，希望能抑制許多種癌症發展與控制第二型糖尿病。也就是說，直接吃白蘿蔔食補，何須藥補。

市井傳統認為白蘿蔔清熱解毒助消化，他們說得沒錯。外食便當裡常會放一片醃製蘿蔔，其實就有助消化避免脹氣的效果。

此外，因為富含怕熱的維生素C、與醣化酵素的營養價值高，所以白蘿蔔生食比較不浪費養分，它本來就是泡菜要角。

營養功效

白蘿蔔含有膳食纖維、維生素C、維生素B、礦物質鈣、磷、鐵、鎂、鈉，蘿蔔嬰甚至含有鋅、鋇等稀有元素。其中蘿蔔葉含豐富 β-胡蘿蔔素，是良好的天然抗氧化劑，對皮膚及眼睛皆是不可或缺的營養素。且白蘿蔔的膳食纖維含量頗高，可促進腸胃道蠕動，預防便祕，還有減重的功效。白蘿蔔算是一種百搭食品，但要注意的是白蘿蔔本身偏涼，所以在烹調時可以加一些薑絲來平衡一下。

S Soy 大豆

早上喝無糖含渣豆漿、午餐配豆干、點心吃豆花、晚飯味噌湯、消夜啃毛豆。這樣的一天聽起來就跟自己很合得來，因為很台式！這些都是大豆做成的餐點，而日常飲食不可或缺的沙拉油、醬油、豆瓣醬；常吃的豆腐、豆皮、納豆等也都是大豆副產品。大豆滲透台灣人生活的程度之高，不難想像。

大豆包含黃豆、黑豆、青豆、毛豆（新鮮豆莢，是八分熟的大豆）。衛福部國民健康署將大豆列為「豆＞魚＞蛋＞肉類」蛋白質食物選擇順序之首位。它含有優質蛋白質，和一般肉類蛋白質最大的差異在於零膽固醇、富含纖維與醣類，且鉀含量較高。是鉀、鎂、鐵、鋅、硒的良好來源。維生素方面，黃豆維生素B1、B6含量頗豐；黑豆維生素B1、B9（葉酸）含量較黃豆高，青仁黑豆還富含維生素A。大豆還有可溶性纖維，可以有效降低膽固醇的吸收，減少體內壞膽固醇及總膽固醇量。

大豆最為人熟悉的就是響噹噹的大豆異黃酮素，是植物雌激素，含有抗氧化元素，可抑制癌細胞及預防動脈硬化等疾病。

台灣每年進口二百萬公噸大豆，二千三百萬人每人一年吃掉了八十七公斤大豆，每人一個月吃掉七公斤。台灣飲食文化這麼依賴或者說習慣大豆模式，其實也沒有壞處，大豆的確是很好的食物來源，但因為大多屬於加工食品，需要特別留意的是加工過程與添加的調味劑。

營養功效

大豆蛋白質為優質蛋白質，而豆類製品（豆腐、豆漿、豆干等）是維生素B群和硒的優良來源。大豆含有可溶性纖維，可以有效降低膽固醇的吸收，減少體內壞膽固醇及總膽固醇量。不過要特別注意，大豆一定煮熟才能食用，本身如果有腸胃消化道問題或易脹氣的體質，那就不建議攝取大豆。另外大豆也是國人主要的一種過敏原，對其不適者也需要特別小心注意。

豆製品的種類

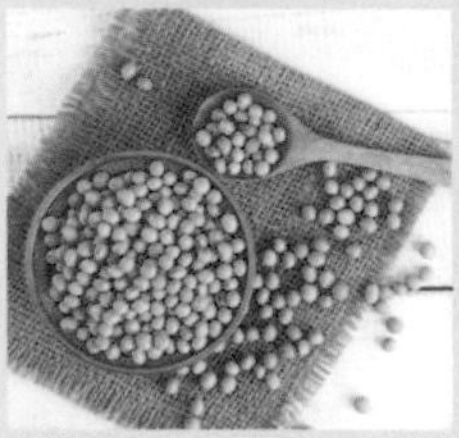
黃豆

黑豆

毛豆

豆漿

嫩豆腐

傳統豆腐

豆乾

豆腐皮

豆腐腦

黃豆粉

味噌

T

Tomato

番茄

世上最幽默的義大利人說：「番茄紅了，醫生的臉就綠了」。大量使用番茄是義大利飲食烹調特色。但其實，早在古羅馬時期，義大利並不產番茄，十五世紀哥倫布發現新大陸之後，番茄才開始從美洲移民到義大利，被廚師饗客奉為上賓。根據專家研究報告，地中海西西里人較長壽，便與常吃番茄有關。在中國則於明朝始有番茄，因為來自西方異族，稱之為「番」茄，可能因為名字不討喜，所以在傳統中式菜餚中，很少用番茄搭配。

美國《時代》雜誌曾將番茄列為年度抗老、防癌食物的榜首。番茄獨特的茄紅素，是本世紀最熱門的抗衰老、防癌營養素。

茄紅素是類胡蘿蔔素的一種，而類胡蘿蔔素的作用之一，就是保護植物和藻類身上的葉綠素不受陽光的損害，聽起來就很抗老的偉大天職。科學研究更發現，茄紅素的抗氧化能力竟是β胡蘿蔔素的二倍、維生素E的十倍，高居所有類胡蘿蔔素之首，且番茄富含維生素C，所以在許多抗老飲食領域穩站一哥地位，功效包含預防心血管疾病、抗自由基（人體老化的關鍵）、增強免疫系統、保護男性攝護腺、更可幫助六十五歲以上銀髮族，預防或減緩退化性疾病的發生，例如視網膜黃斑退化疾病及骨質疏鬆症等。

更令人另眼相看的是，一般蔬果在烹調受熱後會破壞營養素，但因為茄紅素是脂溶性，所以在經過烹飪加熱破壞細胞壁後，反而釋出更多的茄紅素（不過就稍微要犧牲怕熱的維生素C）。

相較被歸類為水果的高甜度小番茄，紅色大番茄或黑柿番茄就屬於蔬菜，含糖量較低，糖尿病患者可食用；而小番茄的茄紅素比大番茄含量高，對於想防癌抗老的人相對較優，但若當水果生吃時，一定要注意不可以過量。

營養功效

番茄含多種維生素、礦物質及膳食纖維等營養成分，更含有大量茄紅素，具有抗氧化、抑制癌細胞增生、增強免疫力等功效，對男性更有預防攝護腺癌的功能。特別提醒，茄紅素是脂溶性維生素，建議在吃番茄時可以搭配一些健康的油脂或堅果作為植化素的媒介，有利於身體吸收。

U

Utensil size

—餐盤的大小—

據說滿漢全席有一〇八道菜，如果每一道菜夾一口吃，手也酸了、下巴也累了、天也亮了吧！我們平民百姓，

光想像那畫面就飽了。

曾有研究指出，用小餐盤吃飯，心理作用覺得整盤滿滿都吃光了，會讓大腦以為已經吃了很多食物，但其實吃進肚子裡的分量並不多，可以預防飲食過量的危險。舉例來說，日本與法國飲食文化，都有用許多小盤，精心擺放佳餚的餐桌特色，而看看金氏世界紀錄，日本和法國，都是百大世界最長壽人瑞的常客，如此推測，以小餐盤用餐，確實可達到減重健康的功效。

相對地來說，中式用餐是怕客人吃不飽，不夠豐盛，用大碗公盛飯很容易盛得多吃得多，但如果改用小飯碗，菜盤改小盤子，同樣一碗飯，一道菜，分量變少，但看起來精緻又豐盛。養生防老，不妨從一點點生活小改變做起！

V Variety
多樣化

許多媽媽們心中都有一個重要的任務，讓不吃青菜的家庭成員們吃各式各樣的青菜，這尤其對小家庭來說更顯麻煩。現今工商社會，許多外食族，由於偏食習慣，總是侷限於幾家喜歡的口味，甚至幾樣的食材，換來換去，怎麼換也變不出新把戲。

人類可以選擇的食物種類，包含蔬菜、水果、全穀雜糧、豆類、魚、肉、蛋、奶等等，光是魚類台灣就有二千六百多種；而人體必需的營養素，包含背不起來的各種維生素、植化素、礦物質、微量元素等等這麼多，無論你怎麼吃都吃不盡，怎麼補都補不夠。俗話說「能吃就是福」，大胃王食量大不一定是福，不挑食才是享福的開端，何況，什麼都喜歡吃，心情相對也愉快。

養生防老最高指導原則，就是盡量吃遍各種食物，不挑食，像日本長壽村的人瑞，有什麼吃什麼，均衡飲食最健康。總是一成不變只吃某幾樣食物，幾家餐廳，時間一長，很容易缺乏某些營養素。

經常動點小腦筋，就可以簡單、快速又兼顧均衡營養地改掉懶得改變的陋習了。

W

Whole grain

全穀類

回歸自然、粗食養生是新食尚之一。全穀類就是一種粗食。

全穀類的「全」是「完整」的意思，全穀類並不是叫你要吃遍所有穀類，更不是只吃穀類不要吃別的食物。所謂「全穀」是指完整、未精緻化的穀粒，也就是穀物在脫殼後，仍保留完整的麩皮、胚芽與胚乳等各部位。

一般精製穀類去除麩皮及胚芽後，九成以上的營養素如維生素、礦物質及纖維質也會跟著流失。尤其對於飲食過於精緻、蔬果攝取太少的人，主食若改吃全穀類，最大好處就是可以攝取到維生素B、礦物質鈣、鐵、鉀、鎂，與植物雌激素，麩皮中同時含有膳食纖維。歐、美、日各國陸續研究證實，全穀類飲食能顯著降低糖尿病、心血管疾病及其他多種慢性疾病的發生。

全穀類包含糙米、全燕麥、紫米、糙薏仁（紅薏仁）、全大麥、全小麥、全蕎麥、全玉米、全小米、全高粱等。衛福部建議國民飲食至少有三分之一以全穀為主食以增進健康。

市面上買到的包裝全穀類產品，看起來感覺很健康，但其實並不一定是全穀。根據衛福部規定，產品含全穀成分佔產品重量百分之五十一以上，才能標示為全穀類，否則只能以產品部分使用全穀原料、或產品含全穀粉等方式宣稱。若產品僅含單一穀類，可以該穀物名稱命名，譬如全蕎麥麵條、全麥麵包等，但並非表示其為全穀。購買時必須看清楚標示。

用全穀類取代白米，白麵等主食，

是一件大事，可以讓主食更富含多種營養，對大多數人都是方便獲得充分營養素的好選擇。但粗食因質地粗糙，消化潰瘍者須避免；胚芽普林值高，富含礦物質，請痛風、腎臟病患慎用；麩質過敏的人當然要小心！

全穀是指包含——
胚乳、胚芽和麩皮的
完整穀粒成分

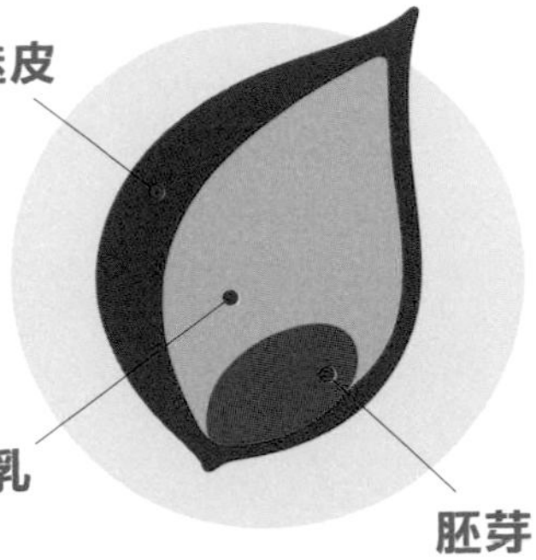

全穀飲食停看聽，從標示選出「真」全穀

代表的意義	實際範例
一定是全穀	糙米（又稱玄米）、有色糙米（紫米（又稱黑糯米）、紅糯米）、發芽米（非胚芽米）、全燕麥、全小米等全穀類
部分是全穀	五穀飯、蕎麥麵、全麥麵包 （需注意全穀成分是否佔總成分的51%以上？）
易造成混淆 與全穀無關	有機、天然、五穀（粉）、多穀（粉）、雜糧（粉）、石磨、健康養生、天然素材、醇麥、全麥、金參
一定不是 全穀	全穀粉（糙薏仁粉技術上可行）、麩皮麵粉、強化麵粉、胚芽米、胚芽 、小麥胚芽、小麥粉、玉米粉

X Smoke

拒菸

1 紅色十月

好萊塢電影《獵殺紅色十月》裡，有個小橋段相當有意思：蘇聯艦長（史恩康納萊 [Sean Connery] 飾）帶艦投誠美國，美國人進入紅色十月號潛艇，在那劍拔弩張一觸即發的對峙氛圍、且語言不通的情形下，此時不吸菸的美國中情局分析員（亞力鮑德溫 [Alec Baldwin] 飾），向叼著菸的蘇聯官兵比手畫腳要了根菸抽卻嗆到，這一嗆化解了僵局，槍就收了起來。我並不知道編劇是怎麼想出這個橋段的，但我個人解讀成：用具體行動來表示「要死一起死」，象徵從此同舟共濟。在我們的黑幫電影裡，也常用遞菸示誠表示「同道」。除此之外，抽菸真的是世間罕見百害而無一好處的邪惡事情（對菸商跟菸農除外）。

2 呼吸有始有終

呼吸，是一個人活著的指標，人「斷氣」就升天了。

我們把時間倒帶……回到呱呱落地時，胎兒在羊水中潛水了九個月，一出水就必須要換氣大聲狂哭。在人生這趟旅程中，我們吸氣跟世界說 Hi、呼氣說 Bye Bye，有始有終。

即使，在二〇一六年有一位三十歲的西班牙人 Aleix Segura（亞力克斯·賽古拉）創下憋氣二十四分三秒的世界紀錄，但，一般人可以三天甚至絕食三十天不吃東西，卻不能三分鐘不呼吸，憋氣三秒鐘都覺吃力。

3｜空氣免費

呼吸維持生命機能，這是大自然賦予的神奇循環。大自然非常大方——空氣免費。但，菸很貴！抽菸就像是在吃火，燒了健康、燒了鈔票、燒了美貌、燒了寶貴時間，玩火自焚、害己害人！

菸盒上標示的尼古丁和焦油，都是壞東西，我不信有人能喝得下一杯焦油，但抽菸就是拿焦油來餵肺，把肺當抽油煙機而且沒辦法洗。科學分析菸草中含有九十三種以上的致癌物質，菸害造成了包含癌症、心臟病、中風及慢性肺部疾病等，為什麼呢？抽菸不就是傷肺而已嗎？

即使是二手菸，也釋放二五〇種對人體有害的化學物質，因此No smoking戒菸不夠，No smoke拒菸才夠。

肺的價值珍貴無比，菸的危害罄竹難書。為珍貴的肺留一條活路，用力給菸打個大大的✕。癮君子請內建關鍵字：「吃火」、「洗不到的抽油煙機」、「外患內亂」、還有「燒錢」。

Y

Yeast

酵母菌／益生菌

你以為益生菌是在藥房的膠囊裡面長出來的嗎？答錯！其實，世界各民族的祖先們，早就在醬缸裡發明了益生菌。食物自然發酵過程中產生的益菌，就是益生菌，是先人們的智慧「發酵」的成果。

在古早沒有冰箱、沒有真空保鮮、沒有乾燥技術的時代，食物的腐敗和發酵之間只有一牆之隔，這道牆就是醬缸。祖先們本意只是單純保存食物求生存，代代相傳，「發酵」效應產生後，最終才成為科學家口中的益生菌。

祖先們利用最天然的醬缸，將食物代謝的微生物，轉成乳酸、醋酸或酒精等天然防腐劑來保存食物，不但留住了怕光怕氧化的各種維生素，也先幫人體消化分解蛋白質，發酵過程中更產生原食材沒有的益菌、酵素、甚至人體所需的微量元素。

因為人體的腸道是很大的免疫器官，所以一旦消化道健康了，免疫力就提升了。發酵食物，不僅提供人體更好的養份，且吃進肚子裡之後，它們仍再接再厲敦親睦鄰，促進腸道內的有益菌生長，再次幫助人體消化吸收其它食物。厲害吧！

這種神奇妙招，來自於對大自然的臣服、與對食物的尊重。先人智慧不僅延續了食物的生命，也延續後人的生命，飲食文化將大自然（之中的微生物）生生不息的生命力、與人類生命力緊密相連，發酵變成傳統與科學配對的圓舞曲，就像醬缸裡一個個溫暖小氣泡此起彼落跳著生命之舞。

舉例

譬如，黃豆發酵成味噌後，會產生較黃豆本身含量更豐富的維生素，尤其是維生素B12（能保護神經的健康，影響紅血球的形成。體內的三大營養素碳水化合物、脂肪、蛋白質的合成，都受維生素B12影響）。又如，糯米做成酒釀之後，反而變成幫助消化的養顏美容聖品；而帶苦味粗纖維的芥菜，在不同醃漬工序與時間的轉換之後，可變身成為雪裡紅、酸菜、福菜以及梅乾菜。天然發酵食物不勝枚舉。前述全世界最長壽的國家日本，其著名的長壽學者森幸男就發現，讓日本人成為全球長壽人口最多的關鍵竟是味噌湯、納豆等發酵食物。

韓國的泡菜、中國的酸菜、歐美的起司、優酪乳、酸黃瓜等，都是發酵食物。天然發酵食物，不僅催化了美味，也催化了健康。

天然 vs 加工

根據美國自然療法的一項實驗，56公克完整發酵的酸菜，就相當於一百顆益菌膠囊的益生菌數目。也就是說，天然發酵的單位效益，比膠囊效益好。天然發酵的食物，優於膠囊益生菌，因為人體生態就是自然界微生物生態的縮影，天生速配。而人工生產的膠囊只含特定菌種，且在人體內不見得能長期存活。此外，如果能在家自己動手做發酵食物更好。

Z ZZZZZs
良好的睡眠

1 睡覺的功課

「嬰仔嬰嬰睏，一眠大一寸」這是台灣最普遍的搖籃曲，意指小嬰兒在睡眠時間慢慢長大。現代科學也指出，人體在睡眠時候，是分泌生長荷爾蒙的神奇關鍵時刻。回想（如果你想得起來）在母親肚子裡的時候，你是否大部分時間都在睡覺？人在嬰兒期與幼童期急促成長，甚至有時候小孩子還會因為骨骼肌肉成長太快速，而在睡夢中痛醒。

研究也發現，當人們在睡覺時，體內會分泌生長荷爾蒙以修補身體，此時細胞與組織更新的速度會比醒著時更快。所以，無論要長大還是要凍齡，都要適當睡眠。

2 生理時鐘

古時候沒有蠟燭油燈、更沒有電燈、電視、手機的農業社會，日出而作日落而息。《黃帝內經》：「早臥早起與雞俱興」這個年代，形成了人體健康的生理時鐘，大自然的旋律，像是彈鋼琴七個琴鍵 Do Re Me Fa So La Si Do Si La So Fa Me Re Do……，日照時間繞著四季規律循環，但我們的生理時鐘，隨著蠟燭電燈發明漸漸改變。

用老祖宗中醫理論，心肝脾肺腎的照顧都要靠正確的睡眠習慣養。早睡養陰（肝腎）、早起養陽（脾胃肺）。晚上十一點到凌晨三點時，氣血循行到肝膽經，因此長期熬夜，使膽跟肝不能好好保養，皮膚乾燥、眼睛老花，老化得特別快。

現代科學研究更發現，長期睡眠不足會影響生長激素、褪黑激素、甲狀腺素、腎上腺素以及性腺激素的合成，當然也會造成免疫力降低、早衰的情形。更嚴重的是，睡眠不足會導致基因的表現往壞的面向走，最後會造成身體氧化發炎加速，進而導致早衰、肥胖、癌症等疾病。

「天天睡得好，年年不覺老」。睡眠品質很重要，睡得好才會精神好、心情好。休息夠了，自然就會有想要運動的動力，才會有強健的體魄。

吃得下，睡得著，才笑得出健康人生。

PART 3

潘懷宗18道
家傳養生食譜

OI

潘奶奶的甜酒釀

A–Z

Yeast｜酵母菌／益生菌

講到甜酒釀，必須先從我在二〇一五年開的火鍋店「潘教授鍋物」說起。因為我跟女兒都很愛吃小火鍋，因此就想自己開個小火鍋店，不僅自己的親朋好友可以吃，同時，我經常有醫學界的教授朋友從海外來台，需要接待，有這麼一間小火鍋店，省去了我找餐廳的麻煩。另外，因為參加健康節目，在內湖東森電視台攝影棚一樓餐廳工作的一位年輕人——蕭同學剛好想要創業，三十多歲的蕭同學，其實已經從學校畢業多年，在我口中都叫同學，我一向非常支持年輕人，於是我找到趙少康先生各出資

三百萬，蕭同學只需出資一五〇萬，總共七五〇萬，在天母開了「潘教授鍋物」，我和趙先生只是出資幫忙年輕人創業，真正主其事的是店長蕭同學，我們誠摯希望她能有利潤，並創業成功。當然，自己開火鍋店還有另一個原因，主要是在外面吃了很多火鍋店後發現，火鍋中很多食材都是加工食品，例如：魚板、魚丸、蝦餃、魚餃等火鍋料，大多含有多種化學添加物，如：化學調味劑、蛋白質水解物、黏稠劑、人工香料以及化學色素等。火鍋湯頭的組成，有些低價餐廳是用化學粉末調製而成，並非由天然食材熬製，常吃這些加工食品以及化學湯頭，對身體的健康影響一時之間可能看不出來，但累積長時間下來，對身體健康的影響實在堪慮。

當時，我就交代蕭店長，「潘教授鍋物」店裡的食材，一定採買朔源食材，湯頭也是用昆布、蔬菜以及水果熬製而成，不含化學添加物，吃完之後完全不會口乾舌燥，衣服以及頭髮也不會沾滿濃濃的火鍋味。

誤打誤撞，甜點變主角

說了這麼多，到底酒釀跟「潘教授鍋物」的關係又是什麼呢？為了讓餐後甜點更加豐富、健康、美味，我想起了小時候媽媽經常做的甜酒釀。甜酒釀富含益生菌，能幫助腸胃道健康，如果加入甜點的選項，除了對健康有幫助，也一定會大受歡迎，拉抬火鍋店生意。但是，潘媽媽已經八十幾歲，讓她老人家做一、兩次可能沒問題，經常做並長期供應給火鍋店就於心不忍了。於是，我把腦筋打到老婆的身上，老婆身強力壯，耐操又耐磨，讓老婆開始跟媽媽學做酒釀是最好不過的。很幸運地，一學就成功。但是，問題又來了，媽媽在乾貨店買的酒麴，做出來的酒釀，甜度太高，酒味不足，酸度也不夠。於是老婆又發揮上網淘物的功力，買了很多款甜酒釀，不斷嘗試，終於找到甜度、酒味、酸度都搭配得剛剛好的甜酒釀，也順利買到商家自製的酒麴。

果然，冰的、純手工的甜酒釀一推出，大獲顧客好評，有些饕客甚至會為了吃一碗冰的甜酒釀而上門來吃火鍋，甚至要求續碗，也有人請我們一定要單賣甜酒釀。漸漸地，甜酒釀變成了店裡的一項招牌特色，潘奶奶的甜酒釀遂一炮而紅。由於是為了幫助蕭店長創業，增加來客量，我們不但花時間自製甜酒釀，同時所有材料，分文都沒有向火鍋店收取，雖然我也是股東之一，就這樣辛苦了將近三年，最後因為堅持品質，價位不低不高而關門。當時，曾經因為趙先生的千金負責中國廣播公司所屬的好物市集，知道潘奶奶的甜酒釀受大家的喜愛，也極力希望將甜酒釀加入好物市集的好物產品來銷售。幾經考量，因為擔心食品真空包裝以及網購低溫宅配的經驗不足，怕品質出問題，再加上一開始就不是要賣甜酒釀，主要是幫火鍋店創造業績，因此基於能力不足而作罷。

食材及酒麴的挑選

潘奶奶酒釀的製作，特別選用花蓮生產的圓糯米，好山好水的花蓮，當地產的糯米新鮮又好吃。首先將米淘洗好，浸泡足夠時間讓米粒吸飽水之後，就可以放在蒸籠中蒸熟。蒸糯米是第一個重點，首先，最好採用竹製蒸籠或木桶，這樣竹香跟木頭香才會滲入米粒中。在蒸籠或木桶底部放上沾濕的棉布，然後倒入浸泡過後的米，這樣做可以避免飯煮好之後沾黏在蒸籠或木桶底部，既浪費米粒又難清洗。

其次，在大的炒菜鍋中放適量的水（水的高度不要淹過蒸籠底部），待水煮滾後，將加了米的蒸籠或木桶放入大鍋中，蒸籠或木桶必須蓋上蓋子，先蒸五分鐘，打開蓋子，拿一雙筷子，在米的中心跟四周分別向下插，筷子要插到蒸籠或木桶底部，形成五~七個洞，讓蒸汽能從洞中均勻進到米中。再蒸二十分鐘，關火、蓋子不要掀開，悶五分鐘，即完成第一步驟。蒸完糯米飯，要用筷子插入每個角落試一下，如果軟Q軟Q的話，就沒問題，萬一有的地方沒煮熟，筷子插入的時候，會有硬硬米粒的感覺（次數很少，但偶爾發生），這時候，要先把熟的糯米飯取出，剩下沒熟的部分，再攤平、插幾個洞，表面均勻灑上數滴水，再蒸二十分鐘，就會全熟了。如果沒有蒸籠或木桶，用電鍋也能蒸熟糯米，將有洞洞的蒸盤放進內鍋底部，加半杯水（電鍋的量水杯），先放沾濕的棉布（或將烘培紙用牙籤照著蒸盤的洞，戳小小的洞也可以），再倒入吸飽了水的糯米，用筷子在米的中間跟四周插洞，外鍋放一杯水，按下電鍋，就完成懶人法蒸糯米飯了。蒸熟的糯米，除了做甜酒釀，也可以做台式飯糰喔！只要找一個塑膠袋，將米飯鋪平在塑膠袋上，放上肉鬆、蛋皮、菜圃，再捲起來，味道很棒喔！

第二個重點是拌酒麴，將蒸熟的米倒入有洞的鐵盆，放在水龍頭下沖冷水，一邊沖，一邊攪散，直到米飯的溫度跟體溫差不多（三十八度）時，然後把適量酒麴粉均勻撒在糯米飯上，再拌勻。

第三個重點是發酵，將拌了酒麴的糯米飯，倒入另一個乾淨的鍋中或瓶中，大約七分滿，用湯匙或飯勺將表面抹平，然後在中間用筷子向下插，筷子要插到鍋子或瓶子底部，形成中央一個洞，以利發酵。然後蓋上鍋蓋或瓶蓋，用棉被或浴巾包裹二至三層，放在家中較溫暖的地方（通常是廚房），三~七天之後就可打開鍋子或是透過玻璃瓶，觀察看出酒的情況，夏天大約三~五天即可，冬天可能要五~七天，拿乾淨的湯匙，挖一口嚐嚐，依據喜歡的口味，決定發酵的時間。喜歡甜一點、酒味淡一點的，發酵天數三天左右即可，喜歡酒味重一點的，發酵天數可加長一至二天。發酵程度達到自己喜愛的狀態後，就可移入冰箱中冷藏，以減緩繼續發酵。甜酒釀在冰箱冷藏室中可存放三個月左右，雖然在低溫中，甜酒釀的發酵仍在非常緩慢地進行，放得越久，酒味就越濃。

酒釀的正確吃法

吃甜酒釀也是一門學問，過去很多人吃酒釀湯圓時，都將酒釀放進鍋中煮，如此的高溫之下，酒釀中的益生菌都被殺死了，同時也因為加熱會變酸，結果又加入更多的糖來平衡，真的是好處沒得到，害處又增加。保留酒釀中益生菌不被殺死的正確吃法是：直接吃從冰箱拿出來的原始酒釀，好吃到不行。有些人若怕太濃，可以加些冷開水，風味也不錯，不甜不膩剛剛好，不僅齒頰留香而且回味無窮。若想吃酒釀湯圓時，可以將煮熟的湯圓，拿離火源，稍稍放涼後，再加入冰箱剛拿出來的冰甜酒釀，攪拌均勻即可食用。大家不妨試試看，完全不需要加糖，除能真正嚐到甜酒釀的天然酸甜美味外，也吃入大量益生菌。一般來說，頭一天吃了潘奶奶的甜酒釀，第二天上大號時便便就會浮出水面，超級健康。

料理小撇步

- 拌酒麴：米飯的溫度拌到跟體溫差不多（38 °C）時，然後把適量酒麴粉均勻撒在糯米飯上，再拌勻。
- 發酵的時間，隨個人口味調整。
- 酒釀正確吃法：高溫會破壞益生菌，最好是吃冰的。

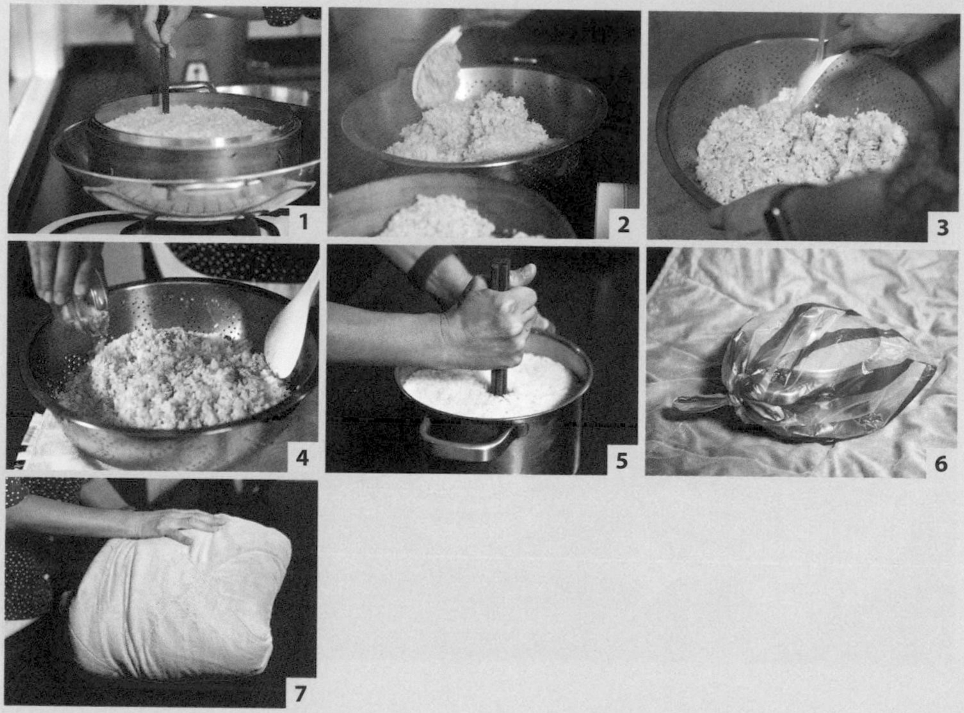

01

潘奶奶的甜酒釀

製作方法

材料

- 圓糯米 ………… 3臺斤（1.8公斤）
- 酒麴 ………… 3公克（或半顆球狀酵母，磨碎）

工具

- 蒸籠或木桶（電鍋也可以）
- 棉布（比蒸籠、木桶底部面積大一些）
- 洞洞鍋（或濾網鍋）
- 有蓋的鍋子（或玻璃瓶）
- 棉被（或浴巾）

做法（部分詳細步驟，請參考前文）

A 糯米洗淨，泡水四個小時。

B 蒸熟糯米。（圖1）

C 將糯米飯倒入洞洞鍋中，沖自來水或冷開水，邊沖邊翻，直到38°C左右（微溫）。（圖2）、（圖3）

D 將酒麴均勻撒在糯米飯上，拌勻。（圖4）

E 將糯米飯倒入鍋子（或瓶子），用湯匙將表面壓平，用筷子在中央插入形成一個洞。（圖5）

F 蓋上鍋蓋（或瓶蓋），用大塑膠袋包裹，再裹上棉被或浴巾。（圖6）

G 放置3~7天（依天氣、依喜好決定時間長短）。（圖7）

point

酒釀含益生菌、維生素B，能幫助腸胃道健康、益氣、生津、活血、散結、消腫的功能。

02

完全不酸的牛奶自製優格

A－Z

Milk｜牛奶

Yeast｜酵母菌／益生菌

台灣有很多人腸胃不適應牛奶，一喝牛奶就會拉肚子，屬於乳糖不耐症，而優格是牛奶發酵後的產物，因為在發酵的過程中乳糖已經被微生物分解了，所以對乳糖不耐症的朋友們而言，是攝取奶類營養的最佳替代品。優格除了有牛奶的營養，不會鬧肚子之外，它更有牛奶所沒有的一樣東西，那就是「益生菌」。益生菌能夠將腸道的壞菌取代掉，當腸道內的好菌數量佔多數時，對身體健康會有很大的幫助，例如：可以有效降低體內發炎反應，有助於預防癌症、肥胖、失智症、心血管疾病等慢性疾

病。但是，腸道內光有益生菌還不夠，必須同時吃進「益生源」，也就是益生菌的食物，包括膳食纖維跟寡糖，這樣才能有效增加腸道中益生菌的存活數目與時間。我們稍後會在「無糖含渣有機豆漿」中說明膳食纖維的重要性，在此我要特別先叮嚀大家，平常就應該多吃富含益生源的食物，如：大蒜、洋蔥、牛蒡、蘆筍、黃豆、小麥等食物，才能與益生菌（優格）達到相輔相成的效果。

家用電鍋即可自製無糖優格

優格在發酵的過程中，會產生大量乳酸，導致很酸的口感，所以不為一些消費者所喜好，眾多廠商為了改善這酸得要命的口感，市售的優格，就會加了許多的糖，消費者一不注意，就會攝取過量的糖。還有，如果買之前注意看一下成份表，就會赫然發現市售的優格商品也有的含有玉米澱粉、玉米糖漿、明膠、修飾澱粉、食用色素等，這些添加物讓優格口感更好，吃起來滑順、濃稠，但身體的負擔可就增加了囉！

潘師母完全不酸的牛奶自製優格，採用市售的原味優酪乳，再加上新鮮牛奶，按照一比四的比例，完全不加糖，只要用電鍋，隔夜發酵，就可以輕輕鬆鬆完成，好吃又方便。

第一步，準備乾淨的容器（玻璃、陶瓷或不鏽鋼等耐熱容器），可以先用開水燙過，晾乾，將約二百CC的原味優酪乳倒入，再倒入約八百CC的新鮮全脂牛乳，用乾淨的湯匙輕輕攪拌均匀，放入電鍋中。電鍋內層底部需要先放鐵網或者加一個盤子，讓裝優格的容器不會直接接觸電鍋，以避免接觸點溫度過高殺死益生菌，同樣的道理，裝優格的容器邊緣也不要碰到電鍋。在鍋邊放一支筷子，讓鍋蓋蓋下時，能有一個縫隙透氣，以確保溫度不會過高。插上插頭但不按煮飯，只保溫（如果有保溫的功能，需要按下），七～八小時之後便可取出，放涼後置入冰箱冷藏。食用時，用湯匙一挖會發現優格內有一些淺黃色的水，這是乳清，可以食用，富含營養，千萬不要丟掉。

幾個需要注意的重點，特別提醒，第一，優酪乳可以變換不同品牌以及菌種，重點是挑選不加糖、原味。每次吃完前，留一小碗，可以做為下一次的菌種，但做二～三次之後，就要再買新的優酪乳，以確保菌數足夠。第二，牛乳包裝最好是未開封的，如果是已開封的牛乳，需要先隔水加熱至八十五度左右滅菌幾分鐘，避免在包裝開封後的過程中引入了其他的雜菌。

蔣夫人宋美齡女士活到一〇六歲，年輕時期就經常吃優格搭配蔬果棒來養生，這是她的經典養生餐之一。大家也可以用潘師母的牛奶自製優格，搭配蔬果棒喔，如此一來，讓腸道獲得益生菌以及益生源，健康一百分。另外，潘老師最喜歡在優格中加上潘奶奶自製酒釀，酸酸甜甜加上淡淡酒香，口感中還有軟綿綿的米粒，超級好吃。當然，一次將兩種滿滿的益生菌食物吃進肚子裡，保證上廁所順暢沒煩惱。

衛福部公佈的每日飲食指南的六大類食物中，舊版的第三類奶類已經擴大範圍變更成乳品類了，優格也是乳品類之一，乳品類食物主要提供鈣質，而且含有優質蛋白質、脂肪、多種維生素、礦物質等。因為國人飲食中鈣質攝取量大多不足，每日攝取一到二杯乳品（二四〇毫升）是最容易達到鈣質需求的方法。自己做的優格，每天來一、兩杯，鈣質也就補充足夠了。

1

2

3

4

5

6

02

完全不酸的牛奶自製優格

製作方法

材料

- 新鮮牛乳 ………… 800 cc
- 優酪乳（原味、不加糖）………… 200 cc
- 耐熱容器 ………… 1個

做法

A 容器（玻璃、陶瓷或不鏽鋼等），先用開水燙過，晾乾。

B 將優酪乳倒入，再倒新鮮牛乳，攪拌均勻，放入電鍋中。

在鍋邊放一支筷子，讓鍋蓋蓋下時，能有一個縫隙透氣，以確保溫度不會過高。插上插頭但不按煮飯，只保溫（如果有保溫的功能，需要按下），7-8小時之後便可取出，放涼，放置冷藏。

point

腸道內光有益生菌還不夠，必須同時吃進「益生源」，也就是益生菌的食物才能與益生菌（優格）達到相輔相成的效果。益生源的食物，如：大蒜、洋蔥、牛蒡、蘆筍、黃豆、小麥等食物。

03

韓式自然發酵泡菜

A－Z

Garlic；Ginger｜大蒜、薑

Yeast｜酵母菌／益生菌

女兒跟潘師母非常喜歡吃韓式泡菜，超市買的有時候會買到地雷，超級難吃。價錢方面大約買一瓶或一包九百公克，售價二百～三百元，經常兩、三天就吃完了，感覺荷包縮水。當然更重要的是——純發酵還是化學添加？很多泡菜可以用化學方法，完全不用發酵，如此一來，不僅沒有益生菌的好處，更有化學添加物和人工色素等的壞處，損害健康，得不償失。特別是女兒在美留學期間，常常自己下廚，為了一解鄉愁，泡菜炒年糕、泡菜炒肉、泡菜火鍋……是她的拿手好菜，快速又方便，這時候我

們不得不考慮自己動手做了。

再加上我的火鍋店「潘教授鍋物」剛開張的時候，也想要將韓式泡菜加入鍋底，當作一個特殊選項，於是勤儉持家的潘師母又發揮她的長才——自己研發，既衛生又經濟實惠，這才開始了自製韓式泡菜之路。這時，又得向手藝超群的潘奶奶學習了。

潘奶奶打從年輕時跟著擔任工友司機的潘爺爺住在十六坪大的破宿舍內，為了撫養三個小孩，於是不得不去當有錢人家的幫傭來添補家用，有錢人的嘴巴都蠻挑，為了能生存下去，潘奶奶必須學會各式菜餚，再加上勤學勤煮，於是練就了一手好功夫。二十多年來，做過許多家庭的幫傭，也曾幫一家婦產科診所煮月子餐，經常受到孕產媽媽們的高度讚賞，診所的生意也因為月子餐好吃而蒸蒸日上。醫生娘是一位韓國華僑，為了讓診所的菜色更加豐富，於是將韓式泡菜的手藝傳給了潘奶奶。

山東大白菜與一般白菜的差別

菜餚要好吃，除了手藝之外，食材的選擇也扮演了重要的角色。潘師母在跟潘奶奶學韓式泡菜之前，首先詢問了做法，然後就跟著潘奶奶到菜市場去買食材了。先從製作韓式泡菜最重要的兩種材料說起，第一個是山東大白菜（又名韓國大白菜），它生長在氣溫較低的地方，比起一般的白菜水份較少，做起來的泡菜會比較脆口，不會水水的，從外形可以清楚分辨出這兩種白菜的差異。山東大白菜外型較長，梗的比例比葉子多，一般白菜體型較小較圓，葉子比梗多。潘奶奶的山東大白菜是在士林果菜市場向專門提供給韓國料理店的菜販買的，有幾次太晚去買，賣完了，還撲了個空呢！後來，為了確保不要白跑一趟，潘師母還跟店家要了電話，提前一天電話預訂，就再也不會落空了。第二個重要的食材是「韓式辣椒粉」，為了買正宗又便宜的韓式辣椒粉，潘奶奶還特地託人到新北市中和區的「異國美食街」採購。不過，如果用量少，只買一、兩包，可以選擇在家附近的大賣場，在異國食材的專賣區，通常也可以找得到。

韓式泡菜製作時的另外幾個材料，雖然添加的份量不多，但是達到了畫龍點睛之妙，首先是蘋果泥（或水梨泥也可以），將蘋果皮削去，用磨泥器將蘋果磨成泥，蘋果泥的主要作用是提供甜度及香氣。有一次，忘了加蘋果泥，結果拌好的韓式泡菜，怎麼嚐就是不對味，後來再仔細核對筆記，才發現忘了它，把蘋果泥加進去之後，味道就對了。另外一個重要的材料是薑泥，薑能增加風味，但份量不能太多，加太多會產生苦味。關於蔥，一開始做的時候，潘師母將蔥切成蔥段，但很多人在吃的時候會刻意挑掉蔥段不吃，站在不浪費食物的角度，後來在女兒的建議下，改切成蔥花，吃的時候，就不會因為被挑掉而浪費食物了。

有些人做韓式泡菜，是先使用高鹽滷水，將大白菜整顆剖半後放入滷水中浸泡，這樣做出來的泡菜鹽分高，我覺得比較接近醃製的作法，太高鹽對身體健康是不利的。潘奶奶於是把它改良了一下，採用薄鹽的配方讓白菜自然脫水，再加上利用雙手擠壓的方式，將水份擠出，雖然費工，但能讓泡菜保有脆度、又不會太鹹。優質的韓式泡菜，應該採天然發酵，這樣才會富含益生菌，有益腸胃健康，而且完全不含化學添加劑，放在冰箱冷藏室，只要每次取用時，使用乾淨的筷子或湯匙，不要引入雜菌，就可以放三個月以上。

接下來要進入正題，韓式泡菜製作的過程：首先，將大白菜從根部往葉子處切一刀，不要完全切斷，然後用手掰開成兩半，每一半再相同的切、剝，這樣子才能保留白菜的甜度，葉子也不會被切得太碎。接下來，把白菜一葉一葉剝下並洗乾淨，切成五～六公分長，瀝乾。拿一個大盆子，鋪一～二層白菜，灑一層薄鹽，最後蓋上蓋子，上下搖晃均勻。放置三～四小時使白菜脫水，中間每半小時左右搖晃或攪拌均勻一次。用雙手將白菜的水擠掉，放入另一乾淨的鍋子。將所有配料（蘋果泥、蔥末、薑泥、蒜末、紅蘿蔔絲、韭菜段……等）加入，然後將辣椒粉、魚露、味醂、麻油添加進去，攪拌均勻後，取一小片泡菜嚐嚐味道，再依個人口味調整調料的量。泡菜的口味喜好因人而異，有人喜歡辣一點，辣椒粉可以多加一些，若覺鹹度差一點的話，可以用魚露來微調，想要甜一點的話，多加些蘋果泥跟味醂會增加甜度。如果喜歡酸一點的人，可以將泡菜在冰箱中放久一點，因為泡菜在冰箱中保存時仍會繼續發酵而酸化。

韓式泡菜的發酵小技巧

泡菜的發酵，至關重要。泡菜做好之後，須將泡菜轉移到有蓋的乾淨玻璃瓶或鍋子中。裝填至八分滿（因為泡菜的發酵屬於厭氧發酵，瓶子或鍋子太大，泡菜量太少的話，殘留過多空氣在其中，容易發霉），將瓶口到頂端處用餐巾紙擦拭乾淨，然後用乾淨塑膠袋蓋住瓶口或鍋子口（盡量讓空氣不再進入），必要時可用橡皮筋固定，蓋上瓶蓋或鍋蓋，放在室溫二十四小時之後，再放入冰箱繼續發酵，約二～三天之後，便可達到一定的酸度。潘師母剛開始做的時候，是冬天，潘奶奶說放在室溫一～二天，等到看到冒氣泡發酵了再放冰箱，可是到了夏天，不小心也放在室溫二天，等到發酵、發酸，結果因為天氣熱，反而發霉了。近年來天氣暖化，冬天有時也很熱，因此改為不論春夏秋冬，在室溫之下放二十四小時，然後轉移到冰箱中繼續發酵，比較保險。

料理小撇步

- 務必選擇山東大白菜，水分較少，口感較脆。
- 蘋果泥、薑跟蔥對醃泡菜發揮了提味的功能。

point

1. 發酵的食品含有益生菌，有益腸胃健康、促進人體對油脂的分解代謝。
2. 醃製類食物，吃得太多對身體也是會有一定的害處的，因醃製類食物裡面有很多的亞硝酸鹽，過量則容易致癌。
3. 夏天喜歡吃易受到外界病菌的污染的冷飲、涼菜等食物，生薑有一定的殺菌解毒功效。

03

韓式自然發酵泡菜

製作方法

材料

- 山東大白菜 ……… 1顆(約2臺斤，1200公克)
- 鹽 ……… 1.5茶匙(約20公克)

A. 調味料

- 辣椒粉 ……… 4-5茶匙
- 魚露 ……… 4-5茶匙
- 味醂 ……… 4-5茶匙
- 麻油 ……… 3-4茶匙

B. 配料

- 蘋果(或水梨) ……… 半顆-1顆，磨泥
- 薑 ……… 1小塊(約小指頭大小)，磨泥或切末
- 大蒜 ……… 5-6瓣，切末
- 蔥 ……… 1-2根，切末
- 紅蘿蔔 ……… 1小塊，切絲(點綴顏色用)
- 韭菜 ……… 3-5根，切段(不喜歡韭菜嗆辣的人，可以不放)

做法

A 將白菜洗淨、切塊、瀝乾。(圖1)、(圖2)、(圖3)

B 在白菜上灑鹽，一層白菜，一層鹽，均勻混合。(圖4)

C 放置3～4小時，讓白菜脫水。

D 用雙手擠乾白菜的水。(圖5)

E 將材料A調味料以及材料B配料加入，攪拌均勻。(圖6)、(圖7)、(圖8)、(圖9)

F 將拌好的泡菜裝進玻璃罐或鍋子中(八分滿)，套上塑膠袋以及橡皮筋，蓋上蓋子。

G 室溫放24小時，存放於冰箱中冷藏，約2～3天後，就是美味的韓式泡菜了！

04

台式即食泡菜

A－Z

Garlic；Ginger｜大蒜、薑
Radish｜白蘿蔔
Yeast｜酵母菌／益生菌

台灣的夜市或路邊攤，在吃臭豆腐的時候，盤子旁邊一定會有台式泡菜（又稱之為高麗泡菜），不僅酸酸甜甜、越吃越涮嘴，還能解油膩，甚至有些人喜歡泡菜的程度，還超過臭豆腐！

冬天是高麗菜的盛產期，尤其是生長在高冷山區的高麗菜，把符合這兩個條件的高麗菜清炒大蒜就已經是人間美味，如果再用它來做台式泡菜，滋味之清脆甜美，可

想而知。

製作台式即食泡菜，真的很簡單。首先，將高麗菜一葉一葉洗乾淨後，用手撕成寬條狀，用手撕比刀切更能保留高麗菜的纖維口感，然後加入紅蘿蔔絲，將一大匙鹽均勻撒入，拌勻後靜置三十分鐘讓葉片軟化並且脫去生澀味。在這期間，當高麗菜開始出水的時候，翻攪幾下，等到三十分鐘過後，再用手抓捏並擠乾多餘的水份，接著用冷開水沖洗一下。預先準備一個大小適當的容器，將蒜頭、糖（或味醂）以及醋加入，成為涼拌醬汁。喜歡吃辣的，可以將一小根辣椒切末，怕太辣的人，可以把辣椒的籽去掉之後切末，這樣既可以品嚐到辣椒的香氣，又不至於太辣。最後，將脫水去生澀味的高麗菜放入有醬汁的容器中，拌勻後再靜置三十分鐘，就可以入味，入味後當下即可食用，故稱之為即時泡菜。

在泡菜中也可以用蘿蔔替代高麗菜，就會變成台式蘿蔔泡菜。用蘿蔔時，為了要讓蘿蔔去掉生澀味，首先將蘿蔔削皮，皮要稍微削厚一點，不然會苦，而且會感覺吃到一層皮，然後用開水燙半分鐘，撈起來後，放涼，就可以將其加入醬汁中，靜置一～二小時，就入味並可以食用了。

釀造白醋的營養素

泡菜所用的醋，台灣人一般喜歡用白醋，白醋是用蒸餾酒發酵製成的，也稱為蒸餾白醋。蒸餾白醋透明、無色，做出來的泡菜能保有原來的顏色，不會被染色。泡菜的酸味除了使用白酒醋外，也可以利用紅酒醋或是巴薩米克醋來調味，其中紅酒醋跟巴薩米克醋都有顏色，會讓泡菜染上一點顏色，但是因為風味特別，有時候可以使用來變換一下口味，不必一成不變。紅酒醋是用紅葡萄酒釀製而成，酸味足夠且帶有葡萄果香。而巴薩米克醋顏色較深，接近黑醋的顏色，它並不像白醋或紅酒醋一樣，是由蒸餾酒發酵而成的，巴薩米克醋是將葡萄榨汁之後，經過熬煮，然後放到橡木桶中慢慢發酵而成，發酵熟成的時間越久，醋的質地跟味道也就越濃，但售價往往就越高。

如果使用一般白醋時，一定要選「釀造發酵」的醋，不能用「化學醋」。釀造醋是採用天然的米、麥等食材為原料，先經過「酒精發酵」，再經過「醋酸發酵」，這是釀造醋的兩個最主要的程序，整個釀造發酵的時間長，須要好幾個月，釀造醋的味道香醇，含有多種胺基酸、有機酸、維他命B群及鈉、鉀等礦物質，釀造醋嚐起來酸香、甘醇，是化學醋無法相比的。而化學醋是將化學醋酸或冰醋酸加水稀釋，再添加乳酸、酒石酸等酸性調味料及香料等製成。只要幾分鐘，就可調製出化學醋。化學醋嚐起來舌頭會刺刺的，入喉後有酸辣感。

台式泡菜可以說是台灣人的智慧，在上述的製作過程中，使用鹽將蔬菜的生澀味去除的同時，又可以在出水、擠水的過程中進一步去除掉殘留的農藥（如果有殘留的話，但不一定會有），這個步驟跟川燙蔬菜一樣都能去除殘留農藥，更可以讓蔬菜的體積縮小，在營養成分又不會流失太多的情況下，輕易攝取每日足量的蔬菜（醃製台式泡菜不像川燙需要加熱，因此營養素流失的量會更少一些）。外國人的生菜沙拉因為體積蓬鬆，很不容易吃進足量的蔬菜，而台式泡菜體積小，非常容易攝取，再加上生菜沙拉的沙拉醬多富含大量油脂和糖，能量太高，因此台式泡菜好處多多。在家製作時，也可以變換多種不同蔬菜的種類，除了高麗菜之外，白蘿蔔、紅蘿蔔、小黃瓜、蕪菁（大頭菜）等蔬菜，都可以加入泡菜的行列，隨做隨吃，快速方便，一～二個小時便可上桌，不像韓式泡菜，至少需要一～二天。而且台式泡菜的酸度跟甜度，都可立即用醋和味醂調整到適合口味。比起韓式泡菜的天然發酵，其發酵程度不易控制，台式泡菜的製作過程就更顯得方便容易了。

經過以上的詳細敘述，讀者不得不佩服台灣祖先的智慧了吧。

1

2

3

4

5

point

白醋一定要選「釀造發酵」的醋，不能用「化學醋」。釀造發酵的醋含有多種胺基酸、有機酸、維他命 B 群及鈉、鉀等礦物質，釀造醋嚐起來酸香、甘醇，是化學醋無法相比的。

04

台式即食泡菜

製作方法

材料

- 高麗菜 ………… 半顆（約400克）
- 紅蘿蔔 ………… 半根
- 蒜頭 ………… 6瓣
- 鹽 ………… 1大匙
- 醬汁：
  1. 糖 ………… 75克
  2. 蜂蜜 ………… 10克
  3. 白醋 ………… 75克
  4. 話梅 ………… 5顆（可選擇不放）
  5. 辣椒 ………… 一小根
  6. 白開水 ………… 150 cc

做法

A 高麗菜洗淨，撕成寬條狀。

B 紅蘿蔔切絲，加入高麗菜中，將一大匙鹽均勻撒入，拌勻後靜置30分鐘。（圖1）

C 當高麗菜開始出水的時候，翻攪幾下，30分鐘之後用手抓捏並擠乾多餘的水份，再用冷開水沖洗一下，再擠乾。（圖2）、（圖3）

D 醬汁：鍋裡放入醬汁的所有材料，加熱煮沸後關火，放涼後取出話梅。將蒜頭、辣椒切末，加入醬汁中。（圖4）

E 將C的高麗菜及紅蘿蔔絲與醬汁拌勻後，靜置30～60分鐘。（圖5）

05

酒香四溢的紹興酒醉雞（蛋）

A－Z

Jujube｜棗子

在早期台灣物質匱乏的年代，如果不是婚喪喜慶或者是過年過節，一般人家很難吃得到雞肉，最多是只有在生病的時候才會熬鍋雞湯，補充元氣。明朝李時珍在《本草綱目》中記載：雞肉「甘，溫，無毒。」「補中益氣，甚益人，炙食尤美。」書中同時也介紹了幾道雞肉食療方子，有興趣的讀者，可以按書中所記，下廚做來試試。雞肉從古至今都被視為營養聖品，原因是雞肉的蛋白質含量豐富，一百克雞肉，蛋白質約有二十二克，占比百分之二十二，比豬肉跟羊肉的百分之十三及百分之十八還要

多，但脂肪卻比豬肉跟羊肉少，且多為不飽和脂肪酸，被稱為「禽肉之首」和「營養之源」。紹興酒醉雞屬於浙江菜，是冷盤的一種，雖然是冷盤，但仍具有溫補養生的功效，能滋養肝腎、補血益氣、祛寒等。每次可以多做一點，吃不完的再分裝，冷凍保存可達三個禮拜，想吃時，提前解凍即可，是一道方便、好吃、營養、超級下飯的料理。

新鮮腿肉至上，各種雞種都可選用

雞肉的挑選很重要，找到了好的雞肉攤商，除了雞肉新鮮好吃外，攤商還會幫忙去骨，省去不少麻煩。讀者若要判斷雞肉的新鮮與否，可以從外觀和味道兩方面來下手，新鮮的雞肉不會黯淡無色或有出水的情況，聞起來也絕對不會有強烈的腥味。紹興酒醉雞所買的是規格最大的雞腿，一般稱為骨腿，骨腿指的是從雞腿到雞背中間的所有部分，大約佔據了一隻雞的四分之一。也有人從網路上購買知名品牌的鮮凍溫體去骨帶皮雞腿，也可以。另外，值得一提的是，潘師母前往美國探視就讀加州大學聖塔芭芭拉分校的女兒時，女兒突然心血來潮，想吃紹興酒醉雞，但在美國沒有傳統市場，一時之間又買不到去骨帶皮雞腿，結果你猜怎麼地，女兒竟然會用剪刀自己去骨，超級厲害，取下的骨頭，還可以熬雞湯，當料理湯底，真是令人大開眼界。

雞的種類很多，肉雞、仿土雞、土雞、放山雞、烏骨雞等，有的肉質結實有彈性，有的皮薄肉嫩，有的肉質鮮嫩，營養價值都很高，做成紹興酒醉雞，環肥燕瘦都很美味。

製作的方法很簡單，而且熟能生巧，你只要多做幾次，就能游刃有餘了。首先，將去骨雞腿洗淨、擦乾，兩面抹鹽（一隻雞腿抹一小匙鹽，兩面都要抹到，而且要抹均勻，按摩幾下）、加入米酒（一隻雞腿四分之一杯米酒），醃三十分鐘。然後，將雞腿平放在盤子中，雞皮朝下。接著將盤子放進電鍋，兩個盤子間可以用兩根筷子隔開。電鍋外鍋放一杯水，蒸熟後悶十分鐘。用牙籤刺雞腿較厚處，沒有血水流出，即表示煮熟。若有血水流出，再蒸十分鐘。也可以用鋁箔紙將雞腿捲成圓筒型（像烤玉米一樣），用牙籤在包好的鋁箔紙上戳幾個洞，以利雞腿熟透。

另外，取一個平底鍋烹調醬汁，鍋中放入一杯水，將枸杞、紅棗、當歸等放入，小火煮十五分鐘，然後放紹興酒二杯，鹽一茶匙調味，再煮五分鐘，這時可將剛剛蒸雞腿的湯汁也倒入。

最後，將已經蒸熟的雞腿放入醬汁中浸泡，雞腿一定要全部泡到醬汁中，若有部分雞腿未完全浸到醬汁，可加米酒或紹興酒將其補滿，放涼之後，放入冰箱冷藏三天，中間可翻動一下，就可以取出切片囉。如果一時之間吃不完，可將雞腿跟部分醬汁一起放進冷凍庫保存。

除了紹興酒醉雞之外，你也可以把煮好的白水蛋或溫泉蛋煮法可以參考「養生紅酒醋佐水煮蛋」剝去蛋殼（如果不剝去蛋殼，須將蛋殼輕輕敲碎，才有利於吸收醬汁），放入上述的紹興酒醬汁中，三天之後，就有美味的紹興酒蛋囉！但是切記，紹興酒蛋不要放冷凍庫保存，因為雞蛋的組織會被結凍的冰破壞，解凍之後，就會變得千瘡百孔，質地粗糙，一點都沒有彈性喔（這可是過來人慘痛的經驗囉）！

1

2

3

4

5

05

酒香四溢的紹興酒醉雞（蛋）

製作方法

材料

- 去骨雞腿肉 ………… 2隻
- 紹興酒 ………… 2杯
- 鹽 ………… 3茶匙
- 米酒 ………… 半杯
- 枸杞 ………… 2茶匙
- 紅棗 ………… 10顆
- 當歸 ………… 1片

做法

A 雞腿洗淨、擦乾、抹鹽跟米酒，醃30分鐘。（圖1）

B 將雞腿平放在盤子中，一隻雞腿放在一個盤子中。

C 將盤子放進電鍋，外鍋放1杯水，蒸熟。（圖2）

D 煮醬汁：小鍋中放1杯水，將枸杞、紅棗、當歸放入，小火煮15分鐘，然後加入紹興酒2杯、米酒半杯，鹽1茶匙調味，再煮5分鐘。（圖3）、（圖4）

E 將雞腿放入醬汁中浸泡，放涼，放冷藏3天，充分入味，中間可翻動一下。也可將雞腿跟部分醬汁一起放冷凍室保存。（圖5）

06

潘爺爺眷村味酢醬

A－Z

Garlic；**Ginger**｜大蒜、薑
Soy｜大豆
Tomato｜番茄
Wholegrain｜全穀類
Yeast｜酵母菌／益生菌

潘爺爺（潘祖意，後改名潘利民）山東省德州市平原縣人，農家子弟，十八歲時因為日本軍隊進攻濟南，遂隻身南逃到廣州市，基於民族大義，愛國心驅使，於是加入國民政府軍隊，參加抗日，之後隨著政府遷台，不幸大病一場，幾乎喪命，退伍後在陽明山管理局擔任工友職司機，潘其武局長見全家無處可避風雨，甚為可憐，於是將仰德大道三段陽明山國小校園旁邊的一間十六坪大的老舊宿舍給我們暫住。這一排眷舍很小，只有五 六戶人家，不能稱之為眷村。當時父親一個月的薪水只有幾百

元，要養活一家五口，生活環境非常困苦，也因為思鄉，家家戶戶都會做些家鄉菜，酢醬就是在那樣的大環境之下自己動手做的。

山東人本就愛吃麵食，很有趣，我可以每天都吃麵也吃不膩，但沒有辦法每天吃飯，這就是基因（DNA），我的三個子女、還有孫女也都遺傳到我愛吃麵的基因，遺傳特性真是強大。我常常在工作勞累一天後回到家裡，飢腸轆轆，只需要把水放在鍋上燒，就可以先去換家居服，水滾後，放入麵條，轉小火，就可以開始洗一些新鮮的蔬菜，待麵條煮好後，撈起來，轉大火，加一點水，沸騰後，再放入青菜，川燙一下，立刻撈起放在麵上，加入適量冰箱內拿出的潘爺爺眷村酢醬，就是一碗超級好吃的晚餐，前後大概只需要二十分鐘，營養均衡，又便宜新鮮，煮麵湯不要丟掉，飯後喝可以幫助消化（原湯化原食），最後我還拿來洗碗，根本不用任何洗碗精，厲害吧！吃酢醬麵綜合了好吃、節省、營養、健康以及環保的種種好處。

這碗眷村酢醬麵，幾乎天天陪我拿到了美國艾默蕾大學博士學位，它也幫助了我的三位子女，各自在異鄉獨立完成了學業，真的是威力驚人，我現在把它教給各位，希望你們不僅有美味麵點，同時希望也能幫助大家心想事成，不畏艱難。

酢醬的主要材料是豬絞肉（自己家裡可以變化，牛肉或雞肉也行），使用的醬必須有二種，甜麵醬跟豆瓣醬，其他可以自由添加的材料有花生、番茄、毛豆和豆干，也可以加入洋蔥末，有肉又有菜，是我窮苦童年最豐盛的菜餚之一。

甜麵醬及豆瓣醬的選購原則

選擇甜麵醬跟豆瓣醬時，要注意採購大廠生產的，品質經過把關比較放心。不同廠牌的醬，味道有些不同，特別是豆瓣醬，大家可以試試不同品牌的差異，我們照著潘爺爺選擇的醬料品牌去做，味道非常好吃。有一次，因為同品牌的豆瓣醬賣完了，潘師母買了不同牌子的豆瓣醬，吃起來味道太鹹、太辣、不夠香，真糟糕，最後還得忍痛吃完，不敢浪費食物。選擇醬料時還要注意挑選添加物少，使用原料天然的醬料，甜麵醬跟豆瓣醬通常用玻璃罐裝，拿起罐頭時，一定要轉一下手腕，看一下罐子標籤上的成分，成分越簡單越好，表示添加物少。開罐使用之後，記得放冰箱，避免發霉，而且要盡快用完。萬一發霉，請整罐丟掉，千萬不要覺得可惜，只挖掉發霉的部分，其餘繼續使用，黴菌的菌絲如果密度不高時，肉眼是看不到的，一旦發霉，表示整罐都遭到汙染，吃了會將毒素吃進身體中，影響身體健康，請大家務必注意。

酢醬的作法，首先在鍋子中燒開水，水滾後將番茄放入煮熟。為了讓番茄的皮容易剝下，可以在番茄屁股上用刀輕輕畫一個十字，將番茄煮熟（大約五分鐘）、放涼、去皮，切丁備用。然後，炒菜鍋中放少許油，炒香蒜末，接著加入絞肉，炒散，將絞肉煸燒直到變淡褐色，加入少許米酒，這樣能夠去除絞肉的腥味。接下來，加入甜麵醬、豆瓣醬拌勻並炒香。這時再加入番茄丁、毛豆、洋蔥丁或豆乾丁等配料，一起炒香。最後，加一杯水（約一五〇西西），小火煮五分鐘，記得邊煮邊攪拌，避免燒焦。

在我們家，通常潘師母都會炒一大鍋酢醬，然後分裝成幾盒，放在冷凍庫，要吃的時候，提前解凍，再放到電鍋中蒸熱，即可加入麵中，同時我們會再加上黃瓜絲（或是燙青菜）、生大蒜瓣、白醋來提味。另外，也可以用白饅頭沾酢醬吃，或加在白飯上變成跟滷肉飯相似的酢醬飯，加在燙青菜上當作拌料，或是將酢醬包在大餅中，加上黃瓜絲、青蔥絲或是蒜苗，都非常對味喔。

如果要做成素食酢醬，可以直接用豆干切丁，取代絞肉，一樣要將豆干丁爆香，其餘步驟都相同，也可以做出香噴噴的素酢醬哦。

潘奶奶與潘爺爺

料理小撇步

- 加入少許米酒，能夠去除絞肉的腥味。

06

潘爺爺眷村味酢醬

製作方法——

材料

- 絞肉 ………… 1台斤
- 油 ………… 1茶匙
- 大蒜 ………… 3瓣，切末
- 番茄 ………… 2個
- 甜麵醬 ………… 4茶匙（1匙15cc）
- 豆瓣醬 ………… 4茶匙
- 米酒 ………… 2茶匙
- 豆干 ………… 3片，切丁
- 洋蔥 ………… 1/4個，切丁
- 毛豆 ………… 1飯碗
- 水 ………… 1杯（電鍋杯子，約150cc）

做法

A　在番茄的屁股劃十字，煮熟去皮，切丁備用。（圖1）、（圖2）

B　炒鍋中，放少許油，中大火，炒香蒜末。（圖3）

C　轉中火，加入絞肉，煸香，炒散，加入米酒，直到肉變色。（圖4）

D　加入甜麵醬、辣豆瓣醬，拌勻並炒香。（圖5）

E　加入番茄丁、毛豆、洋蔥丁或豆乾丁等配料，一起炒香。（圖6）

F　加水（約150cc），再煮5分鐘，一邊煮一邊拌攪，避免燒焦。

point

甜麵醬跟豆瓣醬的選擇要特別注意罐子標籤上的成分，成分越簡單越好，表示添加物少。開罐使用之後，記得放冰箱，避免發霉，萬一發霉，請整罐丟掉。

07

堅果雜糧自製麵包

A－Z

Dark Chocolate｜黑巧克力
Garlic；Ginger｜大蒜、薑
Milk｜牛奶
Nuts｜堅果
Wholegrain｜全穀類

在二〇一三年發生胖達人事件之前，大家對於麵包的添加物可能不太熟悉，直到對外宣傳並標榜完全使用天然發酵以及無添加香精的胖達人麵包，被香港部落客質疑使用香精，然後台北市政府衛生局稽查證實使用好幾種香精，且胖達人又拿不出自製酵母的生產紀錄之後（根本沒有天然發酵），大家才恍然大悟，原來麵包要這麼香，這麼誘人，都必須得添加香精。雖然天然食材的香味真的很淡、很樸實。但是這個淡淡的香味，才是食物的真面貌。

這個新聞事件發生後，潘師母總是思考著如何才能買到無添加香精的麵包，在一次偶然的機會中看到生機食品行販售「自家製天然酵母窯烤有機麵包」，於是就開始嘗試，每次採購都將近千元，放在冷凍庫中，慢慢吃，大約十天就會吃完。有時工作忙，無法親往採購，也會透過網路購買，但因為需要加上運送的時間，新鮮度會打些折扣，又有一次因為對方沒有用冷凍宅配，貨運公司運送時又因為住址錯誤耽誤了一、二天，麵包在貨車中白天高溫曝曬的狀況下，收到的時候，還發了霉，影響情緒頗大。

大家都知道，這些年來，因為台灣飲食西化，很多人的早餐、點心都是麵包、三明治等西方的飲食。又由於食品安全的意識抬頭，除了擔心添加香精外，製作麵包時也要添加一定量的鹽巴，才能增加麵粉的筋性、韌度以及調合麵包中的甜味。因此，一條四百公克的白吐司，就含有二千毫克的鈉，以一公克鹽（氯化鈉）中含有百分之四十的鈉來換算，大概要添加五公克的鹽，對於身體健康來說，不可小覷。

食安風暴後的自製風

在多次食安風暴後，台灣也興起一股自製風，因而全自動麵包機開始盛行，周遭的親朋好友也陸續購買，在家中嘗試自己動手做麵包，越做越有心得，當然也會分享給我們吃，口感相當不錯。潘師母也因為食品安全的考量，在家自己做麵包的話，所有的食材都能掌握，不會有不必要的添加物，於是購買了一台號稱全自動麵包機的「機王」（不失敗麵包機），從此我們家就邁入自己做麵包的第一步。但是，如果家裡沒有全自動麵包機，只要有烤箱（下面會教大家），也可以自己在家做哦！

麵包的主要材料，第一個是麵粉，一般的白麵粉，是將麥子的胚芽以及麩皮全部去除的精緻麵粉，因不同品種小麥當中所含蛋白質的多寡，分為低、中、高筋麵粉，使用高筋麵粉所製成的食品，吃起來比起中筋或低筋麵粉製成的食品要有嚼勁。一般來說，需要發酵的食品，應該使用高筋麵粉。不需要發酵的食品，就可以使用低筋麵粉。我們家製作麵包，一般使用高筋麵粉，有時候因為要變化口感，才會添加少部分低筋麵粉。除了白麵粉之外，還可以選擇保留整顆麥子營養的全麥麵粉，或稱為「全粒粉」，它是用整粒小麥碾磨而成。一般我們看到的全麥麵包，很多並不是百分百用全麥麵粉做的，如果使用百分百全麥麵粉所做的麵包，會比白麵包來得重、體積較小、麵包吃起來也會較粗，因此在使用全麥麵粉時，通常會加入部分高筋的白麵粉來調整比例改善它的口感。

自製堅果雜糧麵包的第二個原料是堅果，除了各種堅果，如腰果、杏仁、核桃、夏威夷豆等，還可以添加果乾（如葡萄乾、桂圓乾、酸櫻桃乾等）以及其他的天然香料（如薑黃、綠茶粉、咖哩粉、肉桂粉、黑巧克力粉等）。南瓜、地瓜也都可以煮熟或蒸熟之後切小塊加入，風味各有不同。堅果的好處很多，其中的核桃富含優質的油脂以及Ω-3脂肪酸、亞麻酸以及植物甾醇，有助降低膽固醇。核桃也是鋅和葉酸的良好來源，可幫助抗壓，增加血清素水平、增強腦力，而杏仁富含葉酸、維生素E、食物纖維、鎂、鉀、鈣、鋅以及蛋白質等，有益心臟。但是，使用堅果的時候要小心，發霉、烤焦或染色的堅果，就會有致癌以及其他損害健康的問題，千萬要注意選購以及保存條件。

前面提到的酸櫻桃果乾，跟櫻桃果乾不一樣，一般而言櫻桃可分為甜櫻桃（Sweet Cherries）和酸櫻桃（Sour Cherries）兩種，甜櫻桃就是一般我們常吃的鮮食櫻桃，而酸櫻桃則適合拿來加工後做成果乾、罐頭食品、果醬和果汁。酸櫻桃乾是特有品種的櫻桃樹產的，味道酸酸的，搭配堅果雜糧麵包，非常美味。

製作麵包時，為了香氣跟口感，經常會添加奶油，如果擔心奶油提供的飽和脂肪酸攝取過量的話，也可以用其他的油脂替代，潘師母有時候會用南瓜籽油、苦茶油、或是葡萄籽油等來替代，而且使用量也可以減半，以達到健康、少油的效果。

如果用全自動麵包機，只要按照隨麵包機附贈的食譜，挑選自己喜好的口味，先將麵粉、雜糧、堅果、果乾、水（或鮮乳）、天然香料以及酵母粉，按比例放到麵包機的內鍋中，根據面板上的指示操作，還可以選擇預約完成的時間。如果晚上把麵包的材料都放到內鍋中，設定第二天早餐的時間烤好麵包，時間到就有熱騰騰的麵包可以享用囉！而且在麵包烘烤的時候，滿室都是麵包香，頓時也會感到非常的幸福！

小心過度膨脹的市售麵包

為了使麵包口感鬆軟些，所以麵包需要發酵，在麵糰中加入酵母發酵後會產生二氧化碳氣體。當麵包烘焙之後，氣體揮發，留下麵包中的空隙，讓麵包變得蓬鬆柔軟。如果用酵母發酵屬於生物性膨脹，但這樣的發酵膨脹的程度有限，但酵母加太多的話，麵包會產生酸味，很多坊間的麵包，為了讓麵包膨脹得更大，降低成本，會添加化學性膨脹劑，當中很多含有硫酸鋁鉀、硫酸鋁鈉的成分，若長期過量使用可能會導致攝取過多的鋁離子，會增加阿茲海默症、失智症及骨頭病變的風險。

至於製作麵包時添加的水，也可以改用鮮奶、南瓜汁、胡蘿蔔汁或菠菜汁等替換，風味以及顏色都會各有不同。使用鮮奶時，不能使用設定預約隔夜製作的方式，因為鮮奶長時間放置室溫容易腐壞。另外，當室溫超過攝氏二十五度時，可以用五度的冰水，水量須減少十ＣＣ，這樣才能讓麵包發酵得剛剛好。

做好的麵包，要怎麼儲存，才能吃到最好的風味呢？做好的麵包，放室溫不要超過二十四小時，就要分裝放進冷凍庫中，要吃的前一天晚上，再移到冷藏室退冰，吃的時候，可以依照個人喜愛，放在室溫中五分鐘回溫、用電鍋蒸三分鐘、或是烤箱中烤三～五分鐘，都很美味喔！

point

酸櫻桃含有酚類化合物，通常出現在植物的複合物裡，有抗發炎及抗自由基的作用。通常被用來緩和發炎和疼痛的症狀，例如：關節炎、痛風、肌肉疼痛等。

手做＋烤箱

材料

A. 麵粉

- 高筋麵粉：全麥麵粉 ＝ 2 : 1

- 酵母 ……… 1茶匙（5克）
- 油 ……… 10克
- 鹽 ……… 3-4克
- 糖或蜂蜜 ……… 半茶匙
- 水 ……… 適量
- 奶粉 ……… 2茶匙
- 烘培紙或鋁箔 ……… A4大小，2-3張

做法

A　半碗溫水（不燙手的溫度），加入糖或蜂蜜，再放入酵母粉，蓋上蓋子約10分鐘。（圖1）、（圖2）

B　取一個大的鍋子或盆子，將A的酵母液放入，加入油、鹽、奶粉（可加、可不加，增加奶香），然後慢慢加入麵粉，一邊加麵粉，一邊搓揉，一直到麵粉不會黏手為止（如果麵粉加太多，可加一點水），這時候會達到「三光」（麵光、手光、盆光）的狀態。（圖3）、（圖4）、（圖5）、（圖6）

C　將麵團上蓋一個濕布，發酵60分鐘，麵團脹大至二倍大，再揉麵五分鐘。（圖7）

D　將麵團分成2～3分，用　麵棍桿平，在中間加入堅果或果乾，把堅果包在麵糰中，捲起麵糰，搓成如手臂粗的長條形。（圖8）、（圖9）

E　將麵團分成適當大小放在烘培紙或鋁箔上（鋁箔要先抹油）或放進吐司模具（先抹油，放7～8分滿）中，再發酵20分鐘。（圖10）

F　將烤箱先預熱到185度C，麵包放入烘烤20～25分鐘，即完成。（圖11）

麵包機

材料（減鹽、減油、減糖版本）

A. 麵粉

- 高筋麵粉 ………… 315克
- 全麥麵粉 ………… 135克

B. 調味材料

- 油（南瓜籽油或奶油）………… 10克
- 奶粉 ………… 12克（2大匙）
- 糖（或蜂蜜）………… 10克
- 鹽 ………… 3克

- 酵母粉 ………… 5克
- 堅果或果乾 ………… 120克
（切成1公分大小）
- 水（蔬果汁或鮮奶）………… 360cc

做法

A　依序將麵粉、調味材料、水放入麵包機內鍋中，設定好品項，攪拌力道（有堅果時，選擇輕攪拌）、預約時間等，按壓開始鍵。

B　麵包製作完成，機器發出嗶嗶聲，按下取消鍵，取出麵包容器，冷卻1～2分鐘後，取出麵包，放涼，切片。

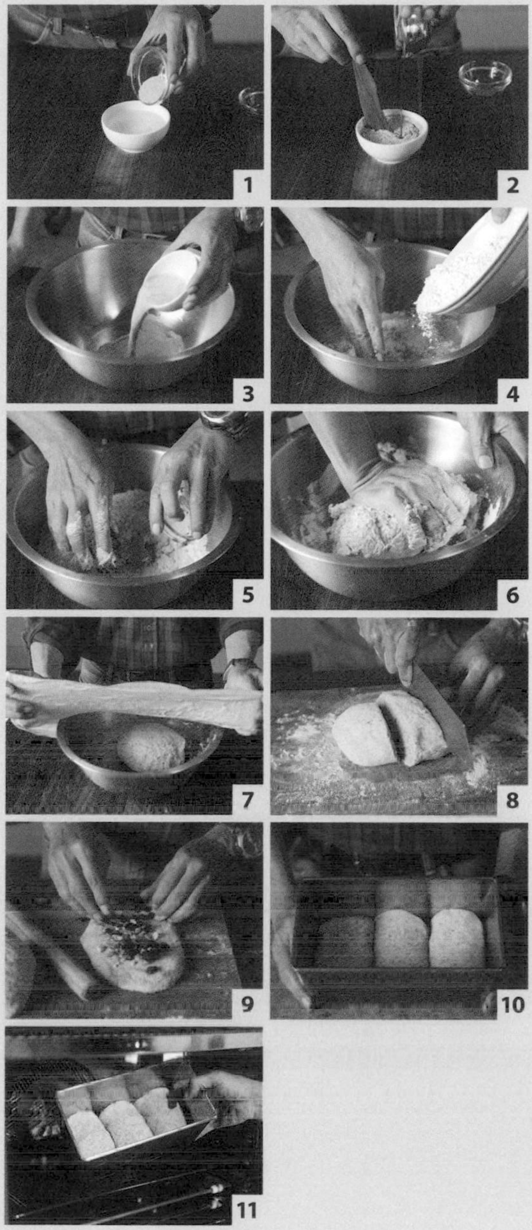

08

自製養生雜糧饅頭

A－Z

Dark Chocolate｜黑巧克力
Milk｜牛奶
Nuts｜堅果
Wholegrain｜全穀類

小孩們還在念小學的時候，由於是雙薪家庭，起床後大家都趕著上班上學，為了每天的早餐，可真是絞盡腦汁，煞費苦心，為了變換早餐的口味，有時候就會去傳統市場，一次買二十～三十個包子或饅頭，分袋裝好，放進冷凍庫。等到要食用的前一天晚上，就先拿到冷藏室退冰，隔天起床，只要放進電鍋蒸一下，大家就有熱騰騰的早餐可以享用，省時又省力。

後來，隨著台灣人健康意識的抬頭，早餐市場吹起了手工雜糧饅頭風，網路訂購

或電話訂購都可以，口味很多，各種堅果、起士、巧克力、果乾口味的手工饅頭，應有盡有。基於本身推廣健康教育的緣故，潘師母當然又訂購起一箱一箱的號稱健康滿分的手工雜糧饅頭。然而，受到一次又一次食安風暴的影響，民眾又開始擔心毒澱粉或者工業用化學添加物會不會被不肖商人添加進去，於是又吹起了在家自己做養生雜糧饅頭之風，我們家理所當然地又跟上了時代的潮流。

中筋麵粉＋全麥粉可增加膳食纖維的攝取

一般做饅頭使用的是「中筋麵粉」，為了增加膳食纖維的攝取，潘師母在中筋麵粉加入全麥粉，用中筋麵粉跟全麥粉一比一的比例混合。然後取一飯碗，裝半碗溫水（約四十度），加入二～三公克酵母粉，混和均勻。將酵母水加入麵粉中，輕輕攪拌，再慢慢加冷水，一次加一點，一直揉到麵團、手、盆都不會互相沾黏，正是所謂的「三光」（麵光、盆光、手光）。揉好的麵糰，在室溫下放置一～二個小時，蓋一塊濕的棉布，避免麵糰表面過乾，讓麵糰慢慢發酵（如果想要吃軟一點的饅頭，可以放三～四個小時）。然後，找一個乾淨的桌面，將麵糰分成適當大小，揉成大約手臂粗細，切出適當大小的麵糰（每個麵糰一百～一百五十公克），可以揉捏成圓形，也可以直接切出長方形。蒸籠底部用刷子抹一點油，將一個個整好型的麵糰，放在蒸籠上再次發酵。約等二十分鐘之後，便可以開始蒸了。中火蒸約二十分鐘，熱騰騰，香氣撲鼻的饅頭就出爐囉。如果沒有蒸籠，也可以放在電鍋中蒸熟，外鍋放一杯水，電鍋跳起再悶五分鐘即可。然後，將饅頭翻面或取出放涼，避免水分持續沾在饅頭上，過於潮濕，影響口感。

揉麵團時添加的水，也可以改成南瓜汁、菠菜汁、胡蘿蔔汁（這些蔬果汁的作法可參考食譜「自製全麥麵條」）或鮮奶，還可以把芋頭、地瓜、南瓜切絲，加入麵粉裡揉成麵糰，就可以變化出各種顏色、成分的饅頭來囉！如果想要將堅果、葡萄乾、酸櫻桃乾、乳酪塊或黑巧克力等加到饅頭中製成不同口味的雜糧饅頭時，只須將麵糰先擀平，像一個長方形，厚薄盡量一致，均勻撒上切成適當大小的堅果等餡料，或是將芋頭、地瓜蒸熟後切成拇指大的長條狀，鋪在麵皮上，再捲起整形後，切成小長條即可。如果有黑巧克力或乳酪塊等餡料，為了避免蒸熟的過程中，巧克力或乳酪容易因溫度高而流出，可以將饅頭麵糰適當整型，將切口捏緊實，讓巧克力或乳酪被完全包覆在麵糰中。

這裡提到的黑巧克力，盡量選可可含量在百分之七十二以上的巧克力，糖分較少、可可含量較高（個人因口味不同，可以變換，我們家都使用百分之百的黑巧克力）。可可中含有黃烷醇（flavanole），它是一種超強的抗氧化物質，能提升認知能力、降低血壓、減緩壓力以及讓皮膚變美白，有益於身體健康，可可比例濃度越高，黃烷醇含量越多。黑巧克力可以加入前面章節中的自製麵包中，還可以加在無糖含渣有機豆漿以及泡好的奶茶中，增添風味，變化出不同的口感，很有趣哦！

饅頭的來源，據說跟三國時期諸葛亮有關，諸葛亮七擒孟獲之後，平定了南蠻，在班師回朝正要過江之時，雷雨交加，狂風暴雨，阻礙大軍行進。詢問百姓後，原來是招惹了河神，必須祭祀後才能平順過江。當地習俗是必須使用人頭祭祀（蠻夷），諸葛亮當然不可能使用人頭祭祀，於是命令士兵拿麵粉揉成麵糰，假裝人頭，投入水中，果然，風平浪靜，大軍順利渡江。因為在南蠻之地，便將此麵糰取名為「蠻頭」，後來又演變成為「饅頭」，唐代以後，就變成了家喻戶曉的大眾食物了。

饅頭的歷史悠久，又是大眾的主食，不但是國人的家常食品，也深受日本、朝鮮和東南亞等國國人喜愛，媲美西方的麵包，有「東方麵包」之稱。除此之外，饅頭與麵包還有幾個相似之處：第一，他們都是麵粉發酵後的製品，原料都是麵粉和水，同樣也都是用酵母發酵來讓麵糰膨鬆。第二，製作方法很像，饅頭和麵包都是把酵母加一點水活化後，加到麵粉中，攪拌成麵糰，然後在一定的溫度、濕度下發酵，製成一定的形狀，醒麵、發麵、熟成、然後蒸或烤成為成品。

饅頭與麵包有哪裡不一樣？

但是，饅頭與麵包也有一些不同之處，首先，他們的原料不同。饅頭的原料比較簡單，只要小麥粉（通常是中筋麵粉）、酵母和水；而麵包除了小麥粉（通常是高筋麵粉）、酵母和水以外，還需要加入油脂、糖、鹽及各種輔助材料和添加劑。其次，饅頭與麵包煮熟的方法、口味跟營養價值都不一樣，饅頭的麵糰在成形之後醒麵、發麵，然後放到蒸鍋中蒸熟，溫度大約一百度。饅頭在蒸熟的過程中，濕度高，所以皮軟、顏色變化不大、內部結構緊實，饅頭蒸熟的過程中，內部沒有受到高熱，營養素損失較少。而麵包需要用較高的溫度烤熟，大約二百三十度；麵包烤熟後表面會有一層金黃色表皮，內部結構比較鬆軟。因為溫度較高，容易損失像維生素B1、離胺酸（Lysine）等怕熱的營養素。因此，就營養價值上講，饅頭比麵包來得高。而且饅頭是比麵包更容易消化。第三點饅頭與麵包不一樣之處，在於可儲藏時間的不同。饅頭是蒸熟的，溫度在一百度左右，在此過程中饅頭損失水分較少，蒸熟後的饅頭含水量較高，所以饅頭可儲藏的時間比較短；而麵包是烤熟的，溫度較高，在烤熟的過程中損失水分較多，麵包含水量較低，因此可以儲藏的時間比較長。至於饅頭的儲存方式，如果一天之內不能吃完，可以放在冰箱冷藏室中大約二～三天，或者放在冷凍庫中二～三個星期，但還是以盡快吃完為最高原則。饅頭的製作過程，比麵包簡單許多，因此饅頭的價錢總是這麼的親民，但相比於麵包的價錢經常賣得很貴，饅頭營養成分高，添加物少，潘老師在這裡要建議大家多多吃老祖宗傳下來的饅頭哦。

point

可可中含有黃烷醇（flavanole），它是一種超強的抗氧化物質，能提升認知能力、降低血壓、減緩壓力以及讓皮膚變美白，有益於身體健康。

養生雜糧自製饅頭

材料（減鹽、減油、減糖版本）

麵粉

- 高筋麵粉 ………… 315克
- 全麥麵粉 ………… 135克

- 水酵母粉 ………… 5克
- 堅果或果乾 ………… 120克（切成1公分大小）
- 水（蔬果汁或鮮奶）………… 約300克

做法

A 半碗溫水（不燙手的溫度），放入酵母粉，蓋上蓋子約10分鐘。

B 取一個大的鍋子或盆子，將A的酵母液放入，然後慢慢加入麵粉，一邊加麵粉，一邊搓揉，再加水，一直到麵粉不會黏手為止（如果麵粉加太多，可加一點水），這時候會達到「三光」（麵光、手光、盆光）的狀態。（圖1）、（圖2）

C 將麵團上蓋一個濕布，發酵60分鐘或長至3~4小時，麵團脹大至少兩倍大，再揉麵5分鐘。（圖3）

D 將麵團分成2~3分，用擀麵棍擀平，在中間加入堅果、果乾、蒸熟且切成拇指粗的地瓜或芋頭條、黑巧克力、乳酪塊，把堅果等餡料包在麵糰中，捲起麵糰，搓成如手臂粗的長條形，切成長方型（每個100~150克），整型一下，放蒸籠中再發酵20分鐘。（圖4）、（圖5）、（圖6）、（圖7）

E 中火蒸熟饅頭（約20分鐘），在蒸籠中將饅頭翻面或取出放涼，放冷藏或冷凍保存。（圖8）、（圖9）

09

養生紅酒醋
佐水煮蛋

A－Z

Yeast｜酵母菌／益生菌

潘師母曾經在外商公司上班，由於公司主管大多是外籍人士，因此公司聚餐時，偶爾會到台北市大直的美僑俱樂部。記得第一次在美僑俱樂部吃到油醋醬沾法國麵包時，對一個從小在台北縣樹林鎮生長、以粗茶淡飯為主要飲食的鄉下人來說，實在留下了相當深刻的印象。後來才知道，油醋醬要好吃，材料和比例都很重要，冷壓橄欖油（台灣人用苦茶油更棒）加義大利巴薩米克醋，比例二比一時味道最棒。之後，只要有機會去美僑俱樂部，都會多吃幾塊麵包，為的是能一再吃到酸酸的醋搭配淡淡香

氣的橄欖油。但是，這個油醋醬跟養生紅酒醋佐水煮蛋有什麼關係呢？繼續看下去就會知道。

早餐是一天裡的第一餐，早餐吃得飽，吃得好，就能夠提供一個滿滿能量的早上。我跟潘師母的早餐基本上很固定，但也會有一些小變化，其中的一種組合有四樣食物：水煮蛋、含渣無糖豆漿、自製雜糧麵包以及水果。雞蛋內含豐富優質蛋白質和卵磷脂，不僅有助於製造神經傳導物質，且因為含有豐富的維生素A、E、B6、B12、葉酸、鋅和硒等營養素，所以也可以活化腦力。蛋黃中還富含膽鹼，是人體合成乙醯膽鹼（一種體內負責記憶力、反應力和專注力的神經傳導物質）之主要原料。雞蛋除上述營養完整且豐富外，比起其他食物也容易取得且廉價，是不可多得的超優質食物。每人每天一定要吃一顆蛋(包含蛋黃，千萬別丟掉)，為了方便、快速起見，水煮蛋是一個非常好的選擇。按家庭成員人數的不同，一次可以多煮幾顆，早餐吃一顆，大人小孩都超級健康。

好剝蛋殼小技巧

為了讓水煮蛋好剝好吃，煮的時候有些小技巧。首先，生雞蛋如果從冰箱中拿出，需要先回溫約二～三小時，避免煮的時候，冷雞蛋遇到熱水，蛋殼很容易因為溫差太大而破裂。水煮滾之後，倒入一杯冷水稍稍降溫，加一點鹽，然後輕輕放入雞蛋，小火煮六分鐘，撈起後馬上放在冰水中冷卻，避免熱能繼續加熱雞蛋，這樣煮出來的雞蛋蛋黃全熟，但又不會太硬，口感軟Q，即使直接吃、不沾醬，也很好吃。

另一種煮法，是在鍋中放水，水量能夠蓋過雞蛋，將已回溫到室溫的雞蛋，放到冷水中，加鹽，開小火，待水滾之後，繼續煮六分鐘，然後移到冰水中冷卻。利用週末將雞蛋煮好，放在冷藏室，上班日起床後，將冰的熟的雞蛋拿出，放在熱開水中回溫，刷牙洗臉後，再剝殼帶走，超級方便。

一開始替家人準備早餐的白水煮蛋時，是搭配一小匙的低鹽純釀造醬油，增加一點鹹味，但由於美僑俱樂部油醋醬沾法國麵包的啟發，潘師母於是把醬油、白醋、橄欖油用一比一比一的方式調和（因為當時家裡臨時沒有巴薩米克醋），湊合著用，但後來無意間在生機食品行，看到紅葡萄酒醋（簡稱紅酒醋），就買回來試試。紅酒醋的酸度比白醋溫和一些，加上更有香氣，總是會讓人想要一吃再吃，口水直流，跟油醋醬有著異曲同工之妙。為了每天早上能快速準備早餐，潘師母會事先將薄鹽純釀造醬油、紅酒醋、橄欖油用一比一比一的方式調和，放在醬料罐中，擺在冰箱冷藏。但是，含有油的醬料，在冰箱中放了幾天之後，水和油會分成兩層，使用前一定要搖一搖，好笑的是，這麼簡單的動作，都會因為早上出門太急而沒有做，結果只剩醋和釀造醬油時，依然好吃。所以潘師母便將醬料再簡化成醬油和紅酒醋用一比一的比例調出，這便是後來一直採用至今養生紅酒醋佐水煮蛋的醬料了。當然，有些人喜歡酸一點，紅酒醋可以多加一點，甚至加到醬油、紅酒醋比例達一比二都可以，隨你個人喜好。

每次，吃完養生紅酒醋佐水煮蛋，我都會用家裡自製的早餐麵包把碗裡剩下的紅酒醋沾起來，吃到乾乾淨淨，好吃又不浪費，十足滿意。

1

2

3

09

養生紅酒醋佐水煮蛋

製作方法

材料（1個人5天份）

- 雞蛋 ………… 5顆
- 紅酒醋 ………… 2大匙
- 薄鹽醬油 ………… 2大匙

做法

A 蛋放室溫中2~3小時。

B 水煮開（水量要蓋過雞蛋），加一杯冷水，加一點鹽。（圖1）

C 輕輕地將雞蛋放入水中，小火煮6分鐘，撈起後馬上放在冰水中冷卻。（圖2）

D 放冰箱冷藏，吃之前泡熱水10分鐘回溫。

E 紅酒醋跟薄鹽醬油調勻，取適量，就雞蛋沾著吃。（圖3）

point

1. 醋的功效可以軟化血管、降低血壓、預防動脈硬化。
2. 橄欖油富含維他命、礦物質、蛋白質、必需脂肪酸，特別是不飽和脂肪酸，富含維生素A、D、E、K、F，有降低血脂和血膽固醇的功效，在一定程度上可以預防心血管疾病。

IO

家鄉味
素烤麩

A－Z

Soy｜大豆

現代人的飲食之中，經常吃進太多的動物性肉類，造成心血管疾病變多、大腸癌發生率居高不下。同時，蔬菜的量也往往吃得不夠，尤其過年過節更加嚴重。據統計，台灣有百分之五十三的成年人（六十五歲以下）每日攝取過多的蛋白質，出現「吃過量」的現象。那是因為許多外食族，肉類容易吃太多（包含加工肉品，更毒），雖然蛋白質對人體至關重要，但是吃過量時，每一公克蛋白質仍會產生約四大卡熱量，長期吃太多，腎臟負擔大，也會有發胖的疑慮。所以家庭「煮」夫、「煮」婦們，要注意

在每一餐的飲食中，多準備一道蔬菜或素菜，外食的時候，也要自己多點一、二道蔬菜，才能增加吃到蔬菜的機會和數量。但另一方面，台灣的年長者（許多人有肌少症），則又有蛋白質攝取不足的兩極化現象，若以每人每天需要五十～六十公克的蛋白質為標竿，平均分配到三餐後，每餐必須吃到的蛋白質約十六～二十公克。有部分吃全素（Vegan）的民眾，經常忽略了補充足夠的蛋白質，素菜中，很多時候應該使用新鮮豆製品搭配（千萬別用加工素食品，未蒙其利先受其害），雖然沒有肉，但是別忘了，新鮮豆製品中也含有優質蛋白質。吃全素的民眾，一定要注意，蛋白質的攝取量也要足夠。

過年時節家的味道

每到過年，潘奶奶一定會事先準備好這道家鄉味素烤麩，放在冰箱冷藏，等到吃年夜飯時，拿出來跟雞、鴨、魚、肉擺在一起，就是一道快速、好吃又漂亮的素菜，除了有植物性蛋白質外，也有一定量的蔬菜。小孩們出國讀書之後，每到過舊曆年，特別想念奶奶的素烤麩。但是，舊曆年在國外通常不是當地的假期，沒辦法回台跟大家吃團圓飯，每每透過視訊，看著大魚大肉，外加一道道家鄉菜，只有流口水的份。隨著小孩們都離開家赴美求學之後，潘師母跟我正式步入空巢期，也因為潘教授鍋物的開張（現已關門大吉），潘師母陸續跟潘奶奶學了一些她的拿手菜，家鄉味素烤麩就在其中，也算是一個意外的收穫。

家鄉味素烤麩的重要材料之一，就是烤麩，跟著潘奶奶來到士林夜市所在地的市場，一大早，趕到賣豆製品的攤位，搶在還沒賣完之前，趕快買了烤麩。其他的材料，還有木耳或雲耳（雲耳體型小，口感較脆）、金針、竹筍（冬天沒有新鮮竹筍，可以用袋裝沙拉筍替代）、香菇以及毛豆。最近幾年的過年期間，雖然小孩們都已離家負笈求學，潘師母卻因為想要多陪伴小孩，就會飛到美國去探望小孩，所幸美國的華人超市（Ranch 99）也找得到烤麩跟相關的食材，因此能在異鄉吃到道地的家鄉味素烤麩，小孩們也都非常高興。

製作時，先將烤麩（四方型）對半剝開，每一半再撕成二份。有人將烤麩用油鍋小火油炸（也可以用烤箱或氣炸鍋），讓烤麩顏色呈現金黃色，撈起瀝乾油備用。乾香菇泡水半小時變軟（也可以用新鮮香菇），去掉蒂頭，切半，過油鍋炸香（也可以跟烤麩一起用烤箱或氣炸鍋處理）。竹筍切片，木耳切塊，金針先泡好瀝乾，還有將毛豆洗淨先用電鍋蒸熟。一切材料準備就緒之後，在鍋裡放少許油，先爆香竹筍以及木耳，再加入香菇、金針、烤麩以及醬油。鍋裡加水，水量蓋過所有食材，加入鹽及些許冰糖調味。用中火將醬汁收乾至只剩鍋底一點點汁。注意，要一邊拌炒，以防止燒焦。可以加入少許麻油增加香氣。放涼之後，再將已放涼的毛豆加入，拌勻即可，以免毛豆入鍋會變黃。

1

2

3

4

5

6

7

8

10 家鄉味素烤麩

製作方法

材料

- 烤麩 ……… 20個（半包）
- 香菇 ……… 10～12朵
- 木耳或雲耳 ……… 4兩
- 竹筍（或袋裝沙拉筍）……… 3個
- 毛豆 ……… 半斤
- 金針 ……… 適量
- 醬油 ……… 100cc
- 麻油 ……… 少許
- 鹽 ……… 少許
- 冰糖 ……… 1大匙

做法

A 將每個烤麩用手掰成4份。（圖1）

B 將烤麩用油鍋小火油炸（也可以用烤箱或氣炸鍋），撈起瀝乾油備用。（圖2）

C 香菇，切半，過油鍋炸香（也可以跟烤麩一起用烤箱或氣炸鍋處理）。（圖3）

D 竹筍切片，木耳切塊。

E 毛豆蒸熟，放涼。

F 鍋裡放少許油，爆香竹筍、金針以及木耳，加入香菇、烤麩以及醬油。（圖4）

G 鍋裡加水，水量蓋過所有食材，加入鹽及冰糖調味。（圖5）

H 中火將醬汁收乾至只剩鍋底一點點汁。一邊拌炒，以防止燒焦。（圖6）

I 加入少許麻油。（圖7）

J 放涼之後，再將已放涼的毛豆加入，拌勻。（圖8）

II

自製、無添加、安心全麥麵條

A－Z

Wholegrain｜全穀類

二〇一三年，不肖、最上游、大盤業者將順丁烯二酸加進麵粉中販售，造成全國中、下游幾乎所有使用麵粉的業者都中標，添加的理由是，國人常吃的麵條、粉圓、粿條、湯圓、肉圓、天婦羅等，添加順丁烯二酸以後，可以讓它們吃起來更Q、彈牙、放冰箱之後也不會變硬、放很久也不會發霉，超方便。起初消費者誤以為食品加工技術進步了，但真相是，吃這樣的食物，就像是在慢性毒殺自己。

天然麵粉（來自穀粒或農作物根莖部）經過添加特殊化學物質（像是順丁烯二酸），可以選擇性地增加它的黏度、質地、彈性及產品穩定性，添加後的麵粉，當然不再是天然麵粉，我們稱之為修飾後的麵粉，或修飾麵粉（澱粉）。而加進去的化學物質則稱之為化學修飾物。目前國內核准可以加入麵粉的化學修飾物有二十一種，但不包含順丁烯二酸，因此未經核准而添加，就叫做違法添加。雖然目前的研究顯示順丁烯二酸的急毒性低，對於人類不會有立即的傷害，也沒有致癌性。但動物實驗已經發現不同動物對順丁烯二酸的敏感度不同，有些動物就會造成腎臟病變。由於科學進步日新月異，很多合法的食品添加物以前沒問題(更遑論順丁烯二酸根本是違法的)，後來卻發現對人類有很大的傷害，必須禁用，就像反式脂肪一樣，不可輕忽！

食品添加劑的危害

為了使麵條容易保存、賣相好、吃起來口感好、有嚼勁，許多黑心商人真的無所不用其極，過去各縣市衛生局麵條稽查時發現，以違法添加防腐劑（苯甲酸）、漂白劑（過氧化氫）以及硼砂為前三名，有些麵條還同時違法添加兩種以上。苯甲酸以及過氧化氫在我國《食品添加物使用範圍及限量暨規格標準》中為允許添加在某些特殊食品的添加劑，但不能加入麵粉及其製品中，因為麵粉類製品通常為主食，國人之攝取量遠大於其他非主食的食品，若開放添加，則每日攝入量將劇增，對健康影響的風險高。另外，硼砂的成分為硼酸鈉，是禁用的食品添加物，進入胃後會轉為硼酸，直接影響消化酵素作用而引起消化作用與循環系統等問題。殺死蟑螂很好用的方法就是把硼砂混合白砂糖，蟑螂貪吃甜的東西，當牠把硼砂吃進肚子後，在胃部就會轉換成硼酸，造成蟑螂胃部受損而死。因此，要買到安心的麵條，還真不容易，陷阱很多。

由於我是山東人，從小就是吃麵條長大的，超級喜歡吃麵條，可以說只要吃到麵條，就會非常快樂。記得有一回，和潘師母出去散步，恰巧走到一間人非常多的麵攤，我們就抱著朝聖的心情，吃吃看，沒想到吃了小吃店的麵食後，當天晚上兩個人都胃酸分泌得非常嚴重，無法消化，甚至達到了晚上沒有辦法睡覺的程度。雖然不知道這些麵條到底添加了什麼化學物質，但經過幾次在外面買錯麵條的痛苦經驗後，就興起了自己做麵條的念頭。

一開始，依照潘奶奶教的方法，用類似做饅頭的方式和麵（但不用發粉發酵），和完麵、醒麵一個小時之後，將麵糰擀平，擀成一張四方形薄薄的麵皮，然後切成麵條。方法雖然不難，但是擀麵的動作除了耗費時間之外，還需要很強的手勁。因為熟練度不夠，做出來的麵條粗細不一，雖然口感不錯，但是因為實在太累了，潘師母就失去了繼續做麵條的動力。

為了不放棄自製麵條的崇高理想，於是改變方式，上網查了製麵機，發現有很多傳統的麵條分割機器，只要將麵團揉好，放進麵條分割機就可以生產出漂亮的麵條了。但是，根據網路上使用者的評論，這種傳統的麵條分割機，使用之後，並不好清洗，內部有很多機械的部件，恐怕有清洗不乾淨或容易生鏽的疑慮。

不用動手揉的傻瓜製麵法

就在繼續查找網路資訊的同時，意外發現了自動製麵機，只要將麵粉跟水放進去，機器會自動攪拌，自動做出麵條。不用揉麵、不用擀麵（簡直就是超級傻瓜製麵法），使用之後只要把必須清洗的零部件，泡在水中，過幾個小時再清洗，就可以輕鬆洗乾淨了。

全自動製麵機，一台大約三～四千元，經常做的話比較划算。如果有經濟上的考量，也可以買手動切割式或擠壓式的製麵條機器，價格大約在幾百元到上千元，但記得要選不鏽鋼的材質比較耐用。手動式的麵條機，因為力道大小不像電動那麼均勻，做出的麵條，可能會粗細不一，雖然外觀不那麼漂亮，但是口感一樣好吃哦。

使用自動製麵機來製作麵條的方法很簡單，將五百克的混和麵粉（中筋麵粉與全麥麵粉以二比一的份量先混合均勻）放入自動製麵機、開啟開關，然後慢慢將一六〇ＣＣ水以及幾滴油從添加孔中加入，自動製麵機便會在十五分鐘左右擠出麵條（你還可以變換出口篩子的孔徑來改變麵條的粗細），為了避免麵條黏在一起，在麵條擠出的過程中撒一些麵粉，再依你每次煮飯需要的麵條量，適當的時間切斷麵條，就可以捲起來，包好，放進冷凍庫保存。為了節省時間，也減少清洗製麵機的次數，每次潘師母會做兩批次，大約三十分鐘，就可以有十幾個人份的麵條量了！

至於中筋麵粉跟全麥粉的比例，潘師母試了幾種比例，發現中筋麵粉跟全麥麵粉比例約二比一比較剛好，但這也是隨個人的口感，若是全麥麵粉加得少，麵條就會比較Q，全麥麵粉加得多，麵條吃起來的口感較粗糙，如果用百分百全麥，吃起來喉嚨會刺刺地，也會有一點點苦味，全麥麵粉越多麵條筋性就會比較差，煮起來的麵條也比較容易斷！

麵粉的選購也要注意，以前潘師母會到雜糧店購買散裝的，每次買幾斤，吃完再買。但有一次在某家雜糧店，發現麵粉的外包裝上，寫了「製麵用麵粉，添加磷酸鹽」。從此不敢再去雜糧店購買。因為散裝的麵粉，看不到成分，製造日期等，存在著食安的疑慮。現在潘師母都透過網路，或是在大賣場採購大品牌單獨包裝的麵粉，成分以及製造日期都標示得清清楚楚，買得安心，吃得也放心。

除了一般顏色的麵條，也可以製作天然蔬菜的彩色麵條。只要將水改成其他蔬菜汁，就可以了！例如：製作綠色麵條可以用菠菜汁，紅色麵條可以用火龍果汁，橘色麵條用胡蘿蔔汁，黃色用南瓜汁，紫色用蝶豆花汁等等，你就可以變換出各種不同的顏色麵條，不管是大人、小朋友看到五顏六色的麵條，都會食慾大開的！

point

毒澱粉是用「順丁烯二酸」(又稱「馬來酸」)處理過的澱粉,「順丁烯二酸」脫水後稱「順丁烯二酸酐」(maleic anhydride)。用「順丁烯二酸」處理過的澱粉叫做「化製澱粉」,就是經過化學處理,有化學反應,主要是提高澱粉的彈性,能Q彈而有嚼勁,增加好的口感,但並沒有提高任何營養價值。

料理小撇步

- 中筋麵粉跟全麥麵粉比例約 2:1 口感最適中。

1

2

3

4

5

6

11

自製、無添加、安心全麥麵條

製作方法

材料

- 中筋麵粉 ………… 350克
- 全麥麵粉 ………… 150克
- 水 ………… 160cc
- 油 ………… 數滴

做法

手製

A 將麵粉混合後，慢慢加入水，揉至三光（麵光、盆光、手光）的程度（請參考自製饅頭的作法）。（圖1）

B 將麵團擀平，成方形，兩面灑上麵粉，對折2～3摺，再切出適當寬度的麵條。
（圖2）、（圖3）、（圖4）、（圖5）

C 麵條分出每次食用的量，灑上麵粉，避免沾黏，存放於冰箱中冷藏（可放三天）或冷凍（可放三個月）。（圖6）

自動製麵機

A 將麵粉混合後，加入麵條機中，按下開始鍵。

B 將油滴入水中，從注水口緩緩加入，攪拌約15分鐘後便會自動製麵。

C 在出麵的過程中，在麵條上灑上麵粉，避免沾黏，並依每次食用的量，切斷麵條，存放於冰箱中冷藏（可放三天）或冷凍（可放三個月）。

12

含渣無糖豆漿

A－Z

Garlic；Ginger｜大蒜、薑

Nuts｜堅果

Soy｜大豆

一直以來，早餐喝豆漿是很多台灣人的習慣，去燒餅油條店買豆漿，大家也都是買含糖豆漿，老闆事先調好甜度，依據客人點的量直接用勺子供應，比較方便快速。但隨著健康意識的抬頭，大部分早餐店給的是不加糖的清漿，而糖的量則是由自己依喜好來添加，免得有的人要很甜，有的人又要不太甜，當然現代人大多都不喜歡放糖了。

糖對身體的影響，這幾年的研究越來越清楚，已經到了普遍認知「糖是萬惡淵藪」的地步，世界各國針對高含糖量的零食和飲料也開始課徵高糖稅。糖份攝取過多對人體的危害，除了容易蛀牙外，還會誘發胰島素阻抗，增加肥胖、代謝性疾病的罹患機率，並使血壓、血糖、血脂升高，增加心血管疾病風險，加速身體老化、發炎反應甚至增加致癌風險。

三十多年前，在當留學生的時候，因為想念家鄉味，潘師母也曾在美國的留學生宿舍內自己煮豆漿，那時候的作法是，先把黃豆泡水三～四小時，加適量的水然後放到果汁機中攪拌，用棉布濾掉黃豆渣（無渣，沒有纖維質），然後將生豆漿煮熟，但因為生黃豆有皂素，容易起泡，火不能開太大，會焦掉，必須非常有耐性，慢慢熬，若沒有完全煮透，不僅豆漿不香，還會有生豆的腥味，同時有些人會因此而脹氣。當時人在國外，雖然麻煩，但在那個離鄉背井的年代，這樣的家鄉味，真的深深撫慰了遊子的心。

近幾年，因為速食業者被踢爆利用豆漿粉泡出豆漿的事件之後，豆漿機被廣為使用，自製豆漿頓時又成了方便又兼具食品安全考量的方法。市面上的豆漿機，一開始入門的款式，黃豆泡軟之後，用機器內建的刀頭打碎，經過濾渣、將豆漿加熱之後，就可以喝到熱騰騰的豆漿，雖然快，但其實加熱不會太完全，因此比起慢慢熬的豆漿，香氣差太多，同時容易脹氣。之後，發展到高階版本豆漿機，搭配波浪刀頭，號稱能夠打破黃豆的細胞壁（所謂「破壁」），不需要濾渣，經過豆漿機內的加熱裝置，將豆漿加熱之後，可以直接飲用。這些高階版的豆漿機，有的還有預約功能，能夠預約在早餐的時間，將熱騰騰的豆漿打好，煮好，立即可飲用，現代的科技，真的給忙碌的人類帶來很大的方便性，只是香氣差太多，容易脹氣，依然無法改善，但做到含渣的功能。

自製豆漿保存法

我的含渣無糖有機豆漿，可以選用有機非基因改造黃豆，也可以只選用非基因改造黃豆（不一定要有機），但不論選哪一種，我都算過，比外面都便宜。首先在週六將黃豆洗淨之後，泡水淹過黃豆，放進冰箱冷藏隔夜，此步驟非常重要，因為只有當水全部滲入黃豆中心，蒸的時候才會全熟，全熟才不會有臭生黃豆味，才會超級香，才會不脹氣，這就是為什麼豆漿機永遠比不上的原因，因為豆漿機沒有泡黃豆的程序。週日早上，將泡好的黃豆（已經膨大兩倍）中剩餘的水倒掉，加入新鮮的水，一樣要淹過黃豆，放進電鍋中，外鍋只要一杯水，就可以蒸熟，在電鍋悶一陣子，拿出來放涼，分裝成每次食用的量，放到冷凍庫中冷凍，要食用的前一天晚上，從冷凍庫中取出放在冷藏室解凍，然後隔天早上使用生機調理機，加入一倍的熱水，直接打成含渣無糖豆漿，從冰箱拿出到打好，前後大約一分鐘，夠方便了吧，打完後的豆漿，就達到剛剛好入口的溫度，既香且濃。曾經有朋友問我，他的豆漿為什麼都會餿掉？一問之下，原來，他把整鍋煮好的黃豆放在冷藏室，分幾天食用，放到第三、四天，就開始出現餿味了。

含渣豆漿才含有膳食纖維

含渣無糖豆漿的第一個重點是「含渣」，含渣一起吃才能吃進整個黃豆的膳食纖維。坊間賣的豆漿，已經把渣濾除掉，真的很可惜。我的含渣豆漿中也可以加入其他的食材進行變化，例如：薑黃切末或薑黃粉、南瓜、堅果或堅果粉、燙熟的青菜等等。薑黃或薑黃粉含薑黃素，能強化肝臟機能，促進膽汁分泌、強化心臟的運作、抑制內臟發炎，具有很強的抗發炎、抗氧化、抗癌的效果。南瓜含有豐富膳食纖維、鎂與β胡蘿蔔素，能使皮膚緊實、抗老化，還能安定情緒，改善睡眠、紓緩情緒緊張、改善憂鬱症狀、保健視力、保護心血管以及提升免疫力。加入南瓜前，先將皮洗乾淨，連皮一起切塊蒸熟。燙熟的青菜則含有維生素A、B群還有C，以及人體所需的各種礦物質，如鉀、鐵質等，而且加入青菜也能增加膳食纖維的攝取量。百分之九十的國人膳食纖維攝取量不夠，二〇一九年由世界衛生組織委託紐西蘭的研究，發表在國際知名醫學期刊《刺胳針》（Lancet），彙整分析過去四十年來的研究，其中涉及每年一億三千五百萬人以及五十八項涵蓋四六三五名受試者的臨床試驗，結果發現與膳食纖維攝取量最低的人相比，飲食中膳食纖維含量最高者，其總死亡率、冠狀動脈心臟疾病、中風以及癌症的死亡率，都降低許多。在預防疾病方面，常吃富含膳食纖維的食物，也可以有效降低多種疾病的發病風險，如冠狀動脈心臟病、中風、第二型糖尿病、以及大腸直腸癌。

黃豆因為富含優質蛋白質，故在食物分類上被歸為「豆魚蛋肉類」。豆漿中的黃豆，也可以改為黑豆，因為他們都屬於「蛋白質」豆。黑豆又區分成「青仁」以及「黃仁」。青仁黑豆的營養素和黃豆相近。而「黃仁」黑豆的熱量、蛋白質、脂肪較低。但是，建議不要加入紅豆、綠豆或薏仁等，因為這些是「澱粉」豆，屬於「五穀根莖類」，會導致攝取過多的醣類，除非當天早上沒有吃碳水化合物的食物。

料理小撇步

- 將黃豆洗淨之後，泡水淹過黃豆，放進冰箱冷藏隔夜，因為水全部滲入黃豆中心，蒸的時候才會全熟，才不會產生臭生黃豆味。

12

含渣無糖豆漿

製作方法

材料

- 黃豆 ………… 500克
- 水 ………… 適量
- 薑黃末或薑黃粉、南瓜、堅果或堅果粉、燙熟的青菜（隨喜歡的種類，適量添加）。

做法

A 黃豆洗淨，泡水放冰箱冷藏室隔夜，水量要蓋過黃豆。（圖1）

B 用電鍋（或一般鍋子）將黃豆煮熟、放涼。（圖2）

C 分裝後放置冷凍庫，使用前一天放冷藏室解凍。

D 將黃豆（以及材料C）放入生機調理機，加水至水量約為黃豆的兩倍（可以用熱水），先慢慢加速至高速，高速打約1分鐘。（圖3）、（圖4）

point

黃豆是含蛋白質最豐富的植物性食物，而它的蛋白質含量超過肉類、蛋類，約相當於牛肉的二倍，雞蛋的二倍半，因此，科學家把黃豆稱為蛋白質的倉庫。

13

酪梨九層塔青醬義大利麵

A－Z

Garlic；**Ginger**｜大蒜、薑
Lemon｜檸檬
Pesto｜羅勒青醬
Tomato｜番茄

義大利麵顧名思義應該是義大利人發明的，但相傳義大利麵卻是阿拉伯人的商隊在沙漠中行走時發明的，阿拉伯人為了保存容易腐壞的麵條，先把麥粉加水揉合之後再乾燥，方便長時間外出時攜帶並食用。到底是誰發明的？義大利人還是阿拉伯人，已經無可考。

義大利麵的材料必須是由杜蘭小麥（Durum Wheat）磨成的杜蘭麵粉所製成，

絕對不是一般的麵粉。杜蘭小麥的語源來自於拉丁文，是「堅硬」的意思，形容其麥粒堅硬，因此也叫「硬粒小麥」。杜蘭麵粉依據研磨程度由細到粗分成四個等級，分別為〇號麵粉、〇〇號麵粉、一號麵粉和二號麵粉。還有一種叫做粗輾麥粉（Semolina），就是將杜蘭小麥直接碾碎後的粗麥粉，顆粒最大。

義大利麵有幾個特別之處，第一，它的蛋白質含量特別豐富，其中麥穀蛋白（Glutenin）的含量最高，做成的麵體有嚼勁。第二，杜蘭麵粉做成的麵體不易煮爛，加上使用了特殊的擠壓方式製作，使得麵體表面的澱粉顆粒不易崩解，因此義大利麵久煮不易糊、不易爛。市面上各種形狀的義大利麵製作方法是先把杜蘭麵粉跟水混合，攪拌成麵糰後，再經由機器擠壓，當麵糰經過不同形狀的孔洞擠出，就會成為長條形的義大利直麵（Spaghetti）、管狀半月形的通心粉（Macaroni）以及捲捲的螺旋麵（Fusilli）等二十餘種，種類繁多。第三，杜蘭麵粉含較多的黃色素（如芸香素，Rutin），約是一般小麥的二～三倍，所以杜蘭麵粉做成的義大利麵外觀呈金黃色澤，非一般麵粉的白色。

芸香素是生物黃酮類（又稱為維他命P）的一種，具有抗氧化的作用，抗氧化能力是維生素E的五十倍，維生素C的二十倍，而且分子結構小，水溶性，容易被人體吸收。在改善毛細血管韌度，減緩血管硬化，預防心臟病以及治療牙齦出血方面，頗具成效。除此之外，研究顯示，生物黃酮類物質也可以幫助人體對抗病毒、致癌物、環境毒素與過敏物質。

義大利麵是比白飯不容易發胖的主食

在台灣，各式各樣的異國料理中，義式料理的接受度相當高，尤其是義大利麵，它的醬汁與配料種類豐富多變，大人小孩都喜歡。老婆在孩子小的時候，經常煮義大利麵給他們吃，一來是針對手藝不算太好的人而言，義大利麵相對簡單，二來是當時小孩最愛吃的義大利麵，就是放在平價牛排旁邊的紅醬義大利麵了。因此老婆就如法炮製，用絞肉（有時候會偷懶，用肉醬罐頭替代）、義大利麵專用醬、冷凍蔬菜丁，就能煮一大鍋，再搭配一片豬排或牛排，煮一鍋玉米濃湯，全家就可以飽足一餐啦！

義大利麵屬於澱粉類，又有很多配料、醬汁，常常被認為是容易發胖的食物。但是，事實上煮熟的義大利麵一百克的熱量大約一五〇卡。如果跟白米飯每一百克的熱量一六八卡相比的話，義大利麵的熱量比白米飯要略低。還有，就GI值（升糖指數）而言，義大利麵的GI值只有六十五，比起白米飯的GI值八十四以及吐司的GI值九十一而言，義大利麵其實是屬於比較低GI的食物。另外，義大利麵容易讓人有飽足感，這樣就不會讓人吃太多，和白米飯相比較，是相對不容易發胖的主食。然而，義大利麵通常會搭配醬料，在諸多的醬料中，用橄欖油清炒或是茄汁紅醬的醬汁比起奶油白醬、羅勒青醬、起司焗烤等熱量來得低。例如：「白酒蛤蠣義大利麵」，只用橄欖油清炒，熱量最低，大約五一〇千卡／份；紅醬是最為人知的義大利麵醬汁，例如：「番茄蝦仁義大利麵」，醬汁以大番茄為基底，熱量是六一〇千卡／份，但若加上番茄糊、番茄醬，熱量就會再多一些；白醬醬汁的做法會使用到奶油、麵粉、鮮奶油，例如：「奶油培根義大利麵」，熱量明顯高很多，大約八〇〇千卡／份。一般的青醬醬汁使用了羅勒葉與大蒜，讓人感覺是健康的醬汁，但是烹煮時會用很多橄欖油，並且加入起司與油脂豐富的松子一起煮，如果要有讓口感滑順，還會再加入鮮奶油，所以脂肪含量與卡路里比想像中來得高很多，含這些配料的「青醬雞肉義大利麵」熱量大約九五〇千卡／份。

九層塔與義大利麵的相遇

今天，潘老師要教大家的「酪梨九層塔青醬」，就是要讓喜歡吃青醬香氣的人，降低熱量攝取，吃得健康又沒負擔。首先，要用具有優良植物性油脂的酪梨取代鮮奶油，產生質地滑順的口感。其次，用台灣本土的九層塔代替羅勒葉，九層塔方便取得，香氣也很足夠。將二顆酪梨的果肉取出，加入二大匙橄欖油以及二大把九層塔、二分之一大匙紅酒醋（或檸檬汁）、二分之一小匙鹽、蒜仁一顆、黑胡椒粉少許放在果汁機中打均勻，也可以放入松子仁，增加好油以及飽足感。打好的青醬，可以裝在乾淨的瓶中，放冰箱冷藏，七～十天之內使用完即可，非常方便。

要煮青醬義大利麵前，可以將雞腿皮面朝下煎出雞油，雞腿兩面煎得焦黃後將其切成條狀，備用。然後把大蒜切末，用鍋中雞油，放入蒜末炒香，接著將洋蔥切細絲或切末後放入鍋中炒香，最後再加入雞肉條以及煮麵水三湯匙，小火慢慢煨一下（確認雞肉全熟），待收汁後加入事先煮好的麵，加入適量的酪梨九層塔青醬後，拌勻即可盛盤、上桌，可口的酪梨九層塔青醬雞肉義大利麵就完成了。

如果要做「酪梨九層塔青醬蛤蜊義大利麵」，同樣先冷鍋冷油，放入蒜片煎一會兒，待香味飄出，加入洋蔥末炒軟，加一大匙水，接著放入蛤蜊後，蓋上鍋蓋，等蛤蜊張開後打開鍋蓋，加入一大匙白酒拌勻後，立即將蛤蜊先撈出備用，湯汁則留在鍋中。然後，在湯汁中，加入少許鹽巴調味，再放入事先煮熟的義大利麵和青醬，拌勻後放上蛤蜊即可上桌。

很多人都會有疑問，義大利麵到底要煮多久，怎麼樣才能煮出熟度剛好、又有嚼勁的義大利麵呢？首先，要注意看包裝上建議的水煮時間，這個時間，指的是水滾之後，放入義大利麵，水再次滾之後才起算的時間，潘老師在此建議大家，提前一～二分鐘撈起，例如：包裝上註明水烹煮時間十二分鐘，建議煮十～十一分鐘就撈起備用，當麵體被放到煮好醬汁的鍋中拌炒時，整個過程大約是一～二分鐘，這一～二分鐘的時間剛好可以讓麵條熟透，也能吸附醬汁，讓麵更入味更好吃。其次，在用水煮麵的時候加點鹽，加鹽的最佳時機是水煮沸後，與放入麵條之間。一般而言，二百克的義大利麵條要用二公升的冷水和一小匙的鹽，加鹽的目的僅僅只是為了使麵條較有鹹味，鹽也能避免義大利麵煮得過於黏糊，保有一定口感。第三，鍋子的大小要使麵能全部浸在水中，放麵的時候，把麵攤開呈扇形（如果是直條形），並且用筷子攪動，讓麵條分開，避免黏住，如果水量不夠，義大利麵吸收不到足夠的水，就煮不出好吃的義大利麵囉。

point

1. 杜蘭小麥含豐富澱粉質、蛋白質及纖維外，又含礦物質如鈣、鐵、維他命 A，以及硫胺素、核黃素及煙酸等。
2. 義大利麵醬的熱量比：青醬＞白醬＞紅醬＞橄欖油清炒。

料理小撇步

- 義大利麵條要煮得好吃，可以在用水煮麵的時候加點鹽，而加鹽的最佳時機是水煮沸後，在放入麵條之前。

13

酪梨九層塔青醬義大利麵

製作方法——

材料

- 義大利麵 ………… 200克
- 酪梨 ………… 2顆(約拳頭大)
- 九層塔(也可用蘿勒) ………… 2大把
- 松子仁 ………… 50克
- 洋蔥 ………… 半顆
- 蒜頭 ………… 3顆切末、1顆剝皮
- 橄欖油 ………… 3大匙
- 鹽 ………… 2小匙
- 白酒 ………… 1大匙
- 黑胡椒粉 ………… 少許
- 雞腿 ………… 1隻(或蛤蠣450克、絞肉半斤)
- 紅酒醋(或檸檬汁) ………… 1/2大匙

做法

A 2公升的水,煮沸,加一小匙的鹽,放入義大利麵,煮好撈起備用。(圖1)、(圖2)

B 九層塔只取葉子,清洗、瀝乾、擦乾水份備用。

C 將酪梨、松子、蒜仁2顆、2大匙橄欖油放入研磨機或調理中,先磨半分鐘,再放入九層塔,1/2小匙鹽巴、1/2大匙紅酒醋、黑胡椒粉少許一起研磨半分鐘,即為青醬。(圖3)、(圖4)、(圖5)、(圖6)、(圖7)

D ❶雞腿皮面朝下煎出雞油,兩面煎得焦黃後將其切成條狀,備用,鍋中雞油放入蒜末炒香,接著將洋蔥切細絲或切末後放入鍋中炒香炒軟。(圖8)、(圖9)

E 或❷冷鍋冷橄欖油將蒜片煎一會兒,加入洋蔥絲炒軟,加一大匙水後,放入蛤蜊,蓋上鍋蓋,等蛤蜊張開後打開鍋蓋,加一大匙白酒拌勻後,將蛤蜊撈出備用。湯汁留在鍋中。然後,在鍋中的湯汁中,加入少許鹽巴調味。

F 將事先煮熟的義大利麵、青醬,以及上述E步驟的雞肉條或F步驟的蛤蠣醬汁在鍋中拌勻即可。(圖10)

14

健康勾芡利器

勾芡是家裡面一種經常使用的料理方式，像是酸辣湯、蚵仔麵線或是肉羹麵，如果不讓它黏黏稠稠的，就怎麼也不對味。可是健康節目上總是說勾芡會增加熱量，讓人變胖，甚至因為是加入的澱粉遇熱糊化，因此其升糖指數（GI）不容小覷，所以對糖尿病人血糖的控制相當不利，於是很多營養專家就建議改用地瓜粉、樹薯粉、玉米粉、或蓮藕粉來取代單純的麵粉或太白粉，理由是這些比較粗糙的天然植物粉，含纖維質較多，也因此熱量會降低一些（不是沒有熱量喔）。

但潘老師認為這些粉（地瓜粉、樹薯粉、玉米粉、或蓮藕粉）雖然是熱量降低了些，但它們仍然是屬於澱粉類的食物，熱量依舊是存在的，所以希望大家能再進一步使用蔬菜類的天然食物來勾芡，而不再是使用澱粉類的食材來勾芡，如此一來，不但是具有幾乎是零熱量的優點（非澱粉類），同時又具有大幅度補充水溶性膳食纖維的好處（台灣有百分之九十的人每日膳食纖維攝取不足），而這些健康勾芡的利器是：秋葵汁、白木耳汁、和金針菇汁。

勾芡在中式料理上是有其一定的特殊目的，像是使湯菜融合（湯汁黏附在食材上面，增加主菜的口感，不會有「沒入味」的感覺）、食物入口滑嫩（芡汁包住食材，使食物內的水分相對不易流失，加上表面產生透明膠體，造就了入口滑嫩）、保溫性好（湯汁有了黏稠性，散熱慢，可以較長時間保持料理的溫度，特別是在寒冷的冬天）。

你想不到的勾芡三寶

秋葵內含豐富的多酚類化合物，是一個抗氧化的超級食物，而且秋葵裡面的粘液就是食物界的黃金：水溶性膳食纖維，可以幫助維持腸道中的健康菌相，另外，秋葵籽和秋葵皮也都具有相當好的營養成份，建議最好食用方法是：只要把前面的硬殼削一下，千萬不要讓粘液流出來，川燙後，把整根秋葵都吃掉。購買秋葵時，建議挑選外表飽滿、顏色鮮綠、無蟲蛀刮痕者，同時表面有絨毛的也比較新鮮。至於大小上，則宜選擇長度在十公分以內的秋葵，口感較鮮嫩。秋葵含有草酸和較高的鉀，但「腎結石」和「洗腎患者」最好避免食用秋葵。「脾胃虛寒、容易腹瀉的人」，則是不要吃多。至於用它來勾芡的方法，請參閱食譜的製作方法。

金針菇含有十八種胺基酸，其中賴氨酸、精氨酸、亮氨酸含量尤多，能增強記憶，開發智力，國外稱之為「增智菇」或捍衛年長者腦智力的「益智菇」。金針菇所含金針菇素與醣蛋白對某些腫瘤有抑制作用。所含的膳食纖維很多，能降低膽固醇，並對某些重金屬有解毒、排毒作用，金針菇的菌傘上含有一種叫「鳥苷—5—磷酸」的增鮮劑，在味鮮上遠勝於一般其他食用菌。金針菇的食用禁忌是性寒，脾胃虛寒者金針菇不宜吃得太多以及慢性腹瀉的人也應少吃，有自體免疫性疾病，如紅斑狼瘡患者也要慎食，以免加重病情，金針菇宜熟食，不可生食，會造成腹瀉，原因是新鮮的金針菇中含有秋水仙鹼，食用後容易中毒。但秋水仙鹼充分加熱後即可破壞。

白木耳，平民的燕窩，又名銀耳，裡面同樣含有豐富的膳食纖維，多種維生素、無機鹽、以及胺基酸，具有潤腸益胃和美容養顏的功效。除此之外，銀耳有著「菌中之冠」的美稱，台灣室內栽培技術，全世界聞名，是一種經濟實惠、效果顯著的食療佳品。在我們選購和食用銀耳的時候，應該選擇色澤黃白、鮮潔發亮、瓣大、形狀似梅花、氣味清香、帶有韌性、脹性較好的銀耳。如遇到帶有斑點雜色、已成碎渣的銀耳，不要選購。銀耳烹煮之前先用開水泡發，一般用作甜湯的食材，口感會更佳。泡發之後應該去掉沒有發開的部分，尤其是銀耳上殘留的呈淡黃色的東西。銀耳一般人都能夠食用，特別適合肺熱咳嗽、乾咳、胃炎、和便秘者食療之用。有出血症患者慎用，銀耳容易受潮變質，可先裝入瓶中或者密封袋中，在防禦陰涼乾燥處保存。在台灣可以買到非常好的新鮮白木耳，根本不需要買乾燥的。

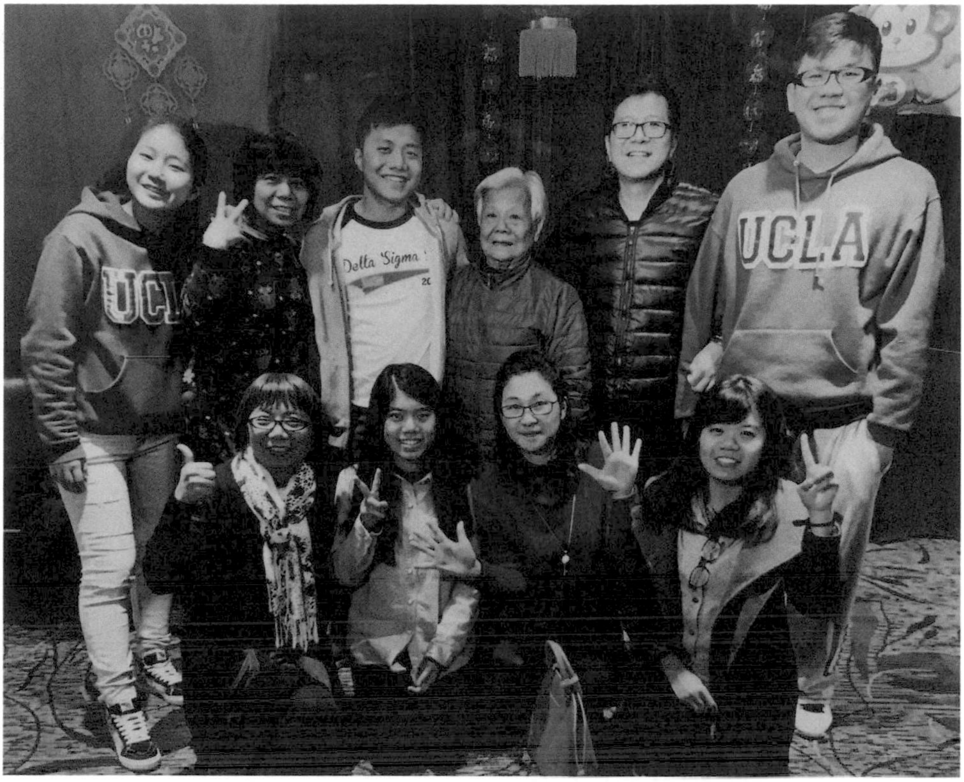
Delta Sigma
UCLA

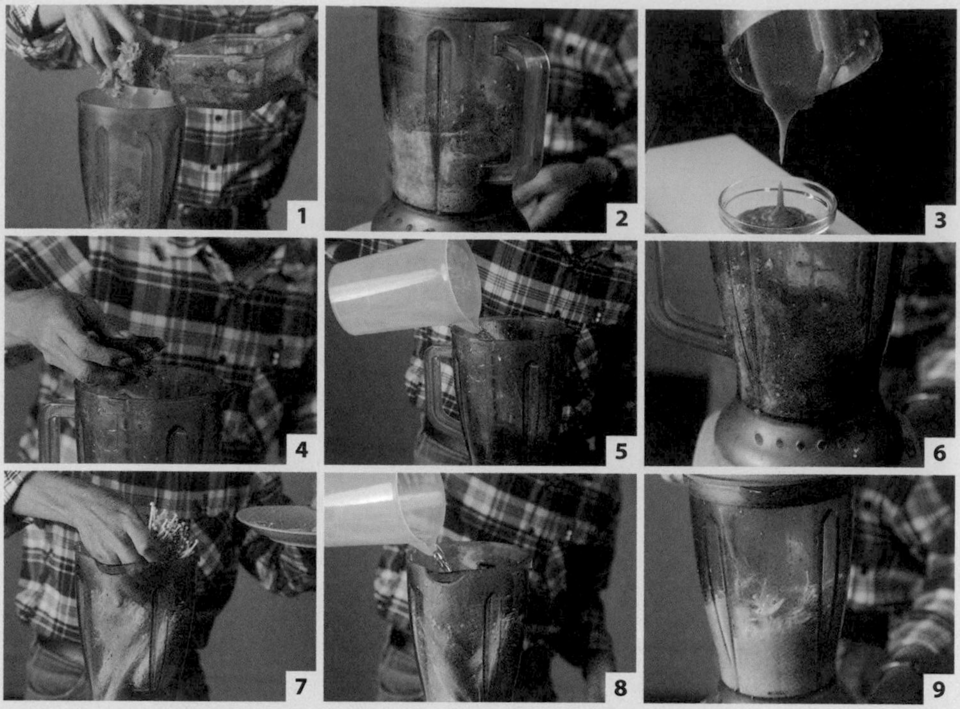

point

秋葵、金針菇及白木耳都含有豐富的膳食纖維，但食用上仍有其禁忌及注意事項，要特別注意。

秋葵：「腎結石」和「洗腎患者」最好避免食用。

金針菇：有自體免疫性疾病避免食用，如紅斑狼瘡患者。

做法

1 **新鮮白木耳：**新鮮白木耳加水略淹過，煮滾後轉小火，繼續滾煮20分鐘，熄火後不開蓋燜至少20~30分鐘。如果是乾的白木耳要先泡發後再依照上面方法煮熟。然後不再加水直接用料理機打成汁，即可用來勾芡。
(圖1)、(圖2)、(圖3)

2 **秋葵汁：**買回來的秋葵可先用保鮮盒存放，記得每一層要舖一層紙巾，可保存較久。把5～6根的秋葵先以鹽水洗淨後濾掉水份，將秋葵頭部硬的部分削除，直接將秋葵放入料理機中，加一點水，打碎，或是過濾使用。秋葵能帶來很好的濃稠度，但它會有獨特的風味和顏色。
(圖4)、(圖5)、(圖6)

3 **金針菇汁：**金針菇洗乾淨後，直接加些水打成泥即可用來勾芡，但注意會有特殊的味道。不要一次買太多，最好當餐使用，比較新鮮，以免不當保存反而會變質。
(圖7)、(圖8)、(圖9)

15

自製天然快速增鮮粉

A－Z

Iodine｜含碘食物

經常在外吃飯的我們都知道，一碗豚骨拉麵好不好吃，在於高湯。一家火鍋店吸不吸引客人再去，在於鍋底。可是我們都擔心而且不相信，這些業者真的能夠且真的有時間在那邊慢慢熬高湯，就算二十四小時不睡覺，用手指頭數一數，也不可能賣出那麼多的份數，市場上傳說一種雞骨湯粉，超方便，一公斤雞骨湯粉可以勾兌出五公斤的雞高湯，聽了很令人擔心裡面到底放了多少的化學物質，又含有多少的有毒物質。如果讀者們有空到調味品集中採購地，那更是琳瑯滿目，讓人瞠目結舌，雞粉、骨粉、

牛肉粉、蝦粉、濃湯寶、香油精……等等，你能想到的，全都應有盡有，讓人馬上聯想覺得在外面吃進肚子的，到底是化學品還是真高湯，這答案已經非常清楚。雙薪家庭的我們，晚上下班回家，接完小孩，已經是精疲力竭，要再自己動手做晚飯，真的是天方夜譚，力不從心，更別說是有預先熬好的高湯可以用來煮湯、煮麵、燒菜、和吃火鍋了。為了讓大家簡便快速，能夠盡量在家自己做飯，不但健康而且加強親子關係，潘老師利用科學知識，設計了一款自製的天然快速增鮮粉，比起外頭的雞骨湯粉，除鮮味有過之而無不及外，更擁有天然安全無可匹敵的好處。自製快速增鮮粉裡面只有三樣東西：原味海苔片（非油炸、不加鹽、無調味）、乾燥香菇、和柴魚片。

天然增鮮粉的三大便利食材來源

一九九〇年日本化學系教授池田菊苗（潘老師也是化學系畢業的喔，到美國才念神經科學），他找到為什麼日式昆布高湯即使不用肉下去燉，也能鮮美的秘密，原因是存在海帶中的一種氨基酸，叫做麩胺酸。現在我們家裡使用的味精，就是麩胺酸鈉。但是當你使用化學物質（味精）時，會有兩個缺點，第一是味道單調，因為天然食材還有其他成分可以豐富口感，第二是害怕化學物質不純，含有害的雜質。科學日新月異，永遠都在進步，科學家之後又再發現，如果麩胺酸能夠和核苷酸（例如：海鮮和乾香菇裡面的肌苷酸鹽 [inosinate] 和鳥苷酸鈉 [guanylate]）一起入口的話，鮮美味將會是只有麩胺酸單獨存在時的二十～三十倍，讓人大為驚艷，讚不絕口。

目前所有天然食材中，麩胺酸含量第一名的就是昆布（海帶），每一百公克中含有麩胺酸二二四〇毫克，其他像起士（一六八〇）、醬油（一一〇〇）、魚露（九五〇）、和蠔油（九〇〇）也都不低。在核苷酸方面，天然食材中含量第一名的是柴魚片，每一百公克中含有核苷酸七百毫克，其他像雞肉（二八八）、豬肉（二六二）、乾香菇（一五〇）、和蝦（九十二）也都不低。知識就是力量，知識領導一切，如果再考慮取得食材的方便性，以及容易打成粉狀等等的考量下，讀者就會非常容易了解：潘老師為什麼選用海苔、柴魚片和乾香菇這三樣天然食物，來做為自製快速增鮮粉裡面的原料了。

舉例來說，下班後，想做一碗高湯麵，超級簡單，用大鍋煮水下麵，拿出大碗公，放入滾燙開水，加入適量我們自製的天然快速增鮮粉，高湯已經完成，待麵煮熟，撈起放入大碗公，煮麵的大鍋水率先用來川燙青菜，再燙一～二塊豆腐，最後來一個水煮荷包蛋，十幾分鐘內完成，超級正點，川燙青菜部分，可以使用本書中所載的任何一種拌醬：中式、日式或義式，豆腐則可以撒上蔥花，淋上醬油膏，好吃程度絕對不輸外面的**麵攤**喔！但卻絕對安全、健康又乾淨便宜，何樂而不為呢？

15

自製天然快速增鮮粉

製作方法

材料

- 乾香菇 ………… 6朵
- 海苔（絲）………… 1大把
- 柴魚片 ………… 1大把

做法

A 將香菇先炒過或用烤箱烘乾（約2～3分鐘）。（圖1）

B 將炒過的乾香菇、海苔（絲）、柴魚片放入帶有研磨功能的食物調理機打成粉末；如果使用打精力湯的食物調理機，可先以開機三步驟（打開電源、調速鈕由1轉至10、啟動高速）開啟調理機，再打開上方透明小上蓋，然後將材料以空投方式放入杯中，打10餘秒後以關機三步驟關閉調理機，即可打出細緻的粉末。（圖2）、（圖3）

C 可放在冷凍庫中備用，保存期約3個月左右，可以分成小包裝，預知使用前一晚，放在冷藏室中自然退冰。

point

食品工業上，味精是常用的增鮮劑，其主要成分是麩胺酸鈉鹽。目前所有天然食材中，麩胺酸含量第一名的就是昆布（海帶）。

16

自製健康水果口味沙拉醬

A－Z

Celery；**Citrus Fruit**｜芹菜及柑橘類水果

Lemon｜檸檬

蔬菜是每日六大類食物中（全穀雜糧類、豆魚蛋肉類、油脂與堅果種子類、蔬菜類、水果類、和乳品類）國人最常也是最多吃不足的項目，現代人百病叢生，癌症發生率居高不下，都是和蔬菜吃不夠有著密不可分的關係。大概是文化上的差異，相當有趣的是，歐美人吃蔬菜，大多是生吃，而我們台灣吃蔬菜，則是快炒居多，當然偶而也有川燙（潘老師最推薦的方式），反正在家就是不太經常生吃就是了，探究其原因不外是：生吃不夠香不夠好吃，好像在吃草；生吃太寒冷，腸胃受不了。當然還包

括生吃體積太大，很難吃到足量以及生吃假使沒有洗乾淨，會有病菌感染的風險等等的缺點。但平心而論，生吃蔬菜(有些蔬菜不能生吃)也有一些特定的好處，譬如說，營養成分的保留可達百分百（但是吸收又是另外一回事，因為有些營養素反而是煮熟了，吸收比較容易）；超級方便，菜園子拔起來，洗一洗就可以吃（一定記得要買安心農產品）。就因為生吃和熟食蔬菜各有各的好處，所以潘老師建議，生吃、川燙、和熱炒輪流著吃，既多元且更健康。

吃錯沙拉醬反而成為肥胖兇手

生吃蔬菜時免不了要使用沙拉醬，而沙拉醬如果沒用對，所有生吃蔬菜的好處都會因此而付諸東流，因為市售的沙拉醬很多是隱藏版的熱量地雷。現今許多人是因為肥胖才開始投入輕食的懷抱，尤其是蔬菜沙拉給人超級健康的印象，所以是減肥與追求健康民眾的主要選項之一，但如果忽略了醬汁帶來的爆卡危機，不僅無法減重，甚至會變得更胖。

市面上常見的沙拉醬（以一百公克計）有凱薩沙拉醬（三三七大卡）、千島沙拉醬（五一五大卡）、無蛋沙拉醬（四七九大卡）、和一般沙拉醬（六四五大卡），這些沙拉醬都是用常見的植物油或沙拉油為基礎去調製。我們在家自製的沙拉醬除了可以追求清爽健康外，同時也可以使用身體更為需要、更為缺乏的油脂，如：紫酥油或亞麻仁油（富含Omega-3），也就是除了可以有不同的風味，更含有多元的營養素。潘老師在本章中介紹兩種以水果（你可選擇不同的水果加以變換）為基底的健康沙拉醬供大家使用，真的是超級簡單易做，第一是水果檸檬沙拉醬（僅使用一種水果和檸檬汁），第二是水果優格沙拉醬（僅使用一種水果加本書食譜中的自製無糖優格）。更詳細的製作方法放在後面。

另外，製作蔬菜沙拉時，最最重要的是要把蔬菜清洗乾淨，不能有病毒、細菌的感染，也希望不要有農藥的殘留，所以，首先在家裡廚房用的刀具及砧板，一定要分生食和熟食，千萬不能混用，第二是蔬菜購買也要認明有政府認證的安心蔬菜，第三是輪流挑選紅、黃、綠、白、黑五種不同色彩的蔬菜，兼顧各種營養素及提振食欲，第四是蔬菜清洗後需完全瀝乾，若時間很趕，可以用餐巾紙擦乾，避免稀釋醬汁和影響風味，最後，蔬菜建議以手撕代替用刀切，因切口接觸面易造成菜葉氧化，變為棕褐。每次準備適量，能夠當次吃完最好，若不行，隔天務必吃完，以保持新鮮。

16

自製健康水果口味沙拉醬

製作方法——

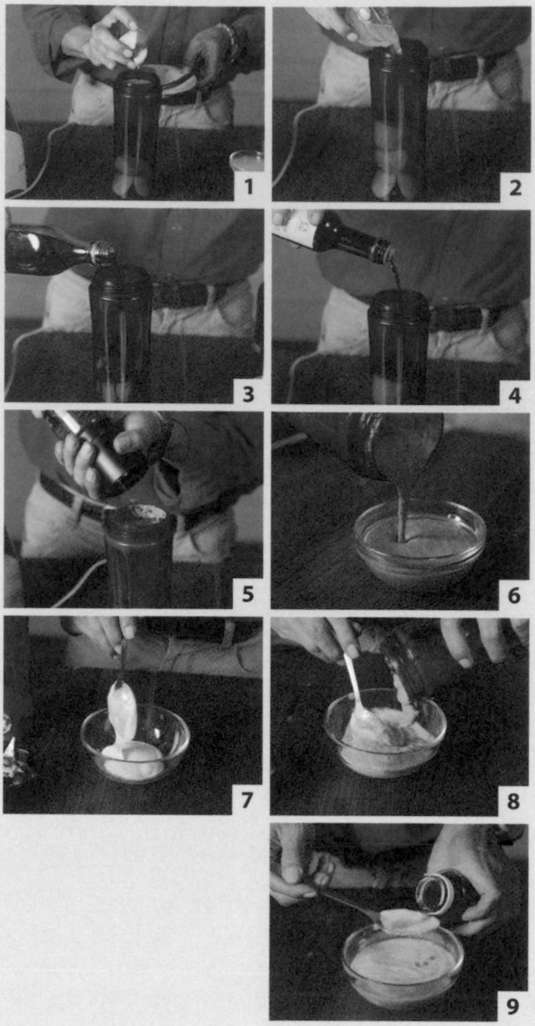

point

熱量需求
蔬菜類每日建議食用份量

1200 大卡 3 份，
至少 1.5 份為深色蔬菜

1500 大卡 3 份
1800 大卡 3 份
2000 大卡 4 份
2200 大卡 4 份
2500 大卡 5 份
2700 大卡 5 份

每日蔬菜建議量

蔬菜類 1 份（1 份為可食部分生重約 100 公克）

＝生菜沙拉（不含醬料）100 公克
＝煮熟後相當於直徑 15 公分盤 1 碟，或約大半碗
＝收縮率較高的蔬菜如莧菜、地瓜葉等，煮熟後約占半碗
＝收縮率較低的蔬菜如芥蘭菜、青花菜等，煮熟後約占 2/3 碗

水果檸檬沙拉醬

可以使用的水果有蘋果、柳丁、鳳梨、奇異果或莓果類，可視個人喜好以及產季和價錢而選定，當然也可以加入兩種以上水果，但不要太多，單一口味，較有特色。舉例而言：

材料

- 蘋果 ……… 2個
- 檸檬 ……… 半個（榨汁）
- 純釀造薄鹽醬油 ……… 2大湯匙
- 亞麻仁油 ……… 130毫升
- 黑胡椒 ……… 少量

做法

A 先用攪拌機將蘋果攪碎。（圖1）

B 放進檸檬汁和醬油後進一步攪成糊狀，取出倒進碗內。（圖2）、（圖3）

C 一邊攪拌一邊放進亞麻仁油，最後灑上黑胡椒。（圖4）、（圖5）、（圖6）

水果優格沙拉醬

可以使用的水果同上面所述，同樣有蘋果、鳳梨、奇異果、柳丁或莓果類。隨便舉一種水果做法為例：

材料

- 柳丁 ……… 2個
- 自製優格 ……… 3大湯匙
- 果醋 ……… 少量

做法

A 取出柳丁果肉並去籽，再用攪拌機將取出的果肉攪碎。

B 放入自製的優格後，進一步攪成糊狀，取出倒進碗內，一邊攪拌一邊放進少許果醋，自己可以決定酸度。（圖7）、（圖8）、（圖9）

17

川燙蔬菜拌醬：台式、日式、義式

A－Z

Garlic；**Ginger**｜大蒜、薑
Lemon｜檸檬
Pesto｜羅勒青醬
Tomato｜番茄

潘老師走在路上，非常多的人會問我應該如何養生，這真的是一個範圍很大的問題，我幾乎沒有辦法在短短的幾分鐘之內回答這樣複雜的問題，可是，如果每次有人問我這樣的問題時，我都是因為這樣的原因而沒有辦法回答的話，久而久之，大家會誤以為我不夠熱心（其實我超雞婆），甚至更嚴重，會認為我不夠專業（在醫學院當教授已經三十年）。於是我苦思日想，終於整理出了養生六大招，並且也寫成了文字印成了書，不惜血本的到處送，哪怕只有一個人因為讀到此書而變得更健康，那對我

來說都是值得的。

但很好笑的是，《一輩子都受用的健康寶典》這本書原本有五百多頁，被出版社硬生生地刪成了四百頁，就算四百頁吧，超級厚的一本書，你有辦法在路上遇到人，就可以利用幾分鐘說明清楚書裡的內容嗎？恐怕仍然不能，最多只是能請對方告知寄件地址，奉寄此書給路人甲而已，重點來了，路人甲收到書後會不會翻開來看呢？希望會吧！可我的腦袋瓜子還在想，台灣人最不健康的習慣是什麼？我只要能建議他首先能改掉這個最不健康的習慣，不就是達到初級養生的目的了嗎？並非一定要把所有的學問，一股腦地一次全部說出去，才叫養生吧！想通後，經潘老師反覆思量，認知到台灣人蔬菜量攝取量嚴重不足，是最應該優先改進的，也是最影響健康的，因此決定，下次再有人問起養生，就先從希望大家從吃夠蔬菜開始吧！

二十一世紀的通病——纖維素缺乏

活在二十一世紀的台灣人，由於生活忙碌，幾乎餐餐外食，超過九成的人，蔬菜攝取量不足，本來成年男性應該要一天吃進五份蔬菜，成年女性應該要四份蔬菜，每份蔬菜約半碗（生菜約一碗），但因為是嚴重不足，只好退而求其次，才有所謂的「一日五蔬果」的口號出現（其中蔬菜不論男女都只卑微的要求三份，水果二份），但真的是超級誇張，就算是最低標準，也有將近九成的人沒法達標，真是慘不忍睹，所以潘老師才說，這是最值得、也是最應該優先改進的養生項目。很多人說不定會反駁說，就算蔬菜吃不夠又會怎樣呢？潘老師在此要告訴你，蔬菜量如果不足，將導致二十一世紀最營養的植化素攝取不足而嚴重影響健康。「植化素（Phytochemicals）」是存在於植物中的化學成份，不同於維生素及礦物質，其中包含：多酚類（Polyphenols）、吲哚（Indoles）、類黃酮素（Flavonoid）、蒜蔥素（Allium compound）、茄紅素（Lycopene）、植物皂素（Saponins）、香豆素（Coumarins）、異硫氰酸鹽（Isothiocyanates）等等，不勝枚舉。植化素可以提高人體免疫力、誘導癌細胞由惡性轉為良性、促使癌細胞凋亡、抗氧化作用、抑制癌細胞訊息傳遞，來達到抑制癌細胞生長的功效，另外蔬菜也富含纖維素，纖維素不夠會影響腸道健康，更會提高心血管疾病、三高以及代謝症候群的罹患率，綜上所述，你說重不重要呢？

少數人因為了解到蔬果一旦攝取不足會嚴重影響健康，況且衛生單位在健康推廣的時候，也都是蔬果、蔬果的綁在一起推廣，因此有許多人就藉由多吃水果來達到「一日五蔬果」的要求，但問題是：蔬菜是蔬菜，水果是水果，兩者完全不一樣，蔬菜不會等於水果，水果也不等於蔬菜，藉由多吃水果來安慰自己的人，將會得不償失，原因是台灣水果太甜，依照世界衛生組織定義，凡是水果的份數攝取超過每日規定的份量時，那它將不再營養，不再是水果，不再是健康，而是會變成邪惡的糖，請注意是和方糖的糖一樣的邪惡，所以請大家特別注意，潘老師在這邊要求的是增加蔬菜的攝取量，從來沒有提到蔬果的攝取量，麻煩務必看清楚，沒有講到水果，但如果是你的水果攝取量也不足，你當然應該適度增加水果攝取量到足夠，但絕對不能超標，特別是甜的、熱量高的、非常好吃的水果，更不可以用純天然果汁來代替水果，那會更邪惡。

依據國民營養健康調查，高達百分之九十民眾無法遵循「天天五蔬果」的原因是：「沒時間」、「沒動機」和「不方便」。因此潘老師在此要強推的是懶人第一料理：燙青菜。家常料理中最平凡、最不起眼的應該就是「燙青菜」了，另外，料理過程零油煙，降低婦女同胞罹患肺癌的機率，真的是好上加好。

燙青菜在家怎麼做呢？有些人說，燙青菜會讓營養流失大半，其實重點在於燙青菜的方法，只要方法對了，營養就可以保存大部分，和生菜沙拉比起來，各有其優缺點，交相替換著吃，好處更多，這就是為什麼本書中也有講到「自製健康水果口味沙拉醬」的原因。說到燙青菜的正確方法，你不能不先認識「殺菁」這個名詞，殺菁（Blanch）是利用瞬間高溫使得食材中的酵素失去活性，才可以讓食材的顏色與脆度維持在最佳狀態。所以燙青菜時如果要讓蔬菜保持鮮綠與脆口就一定要用高溫川燙（一百度滾水），所以務必等水滾沸後才放入青菜，而且鍋一定要夠大夠深，火力一定要足，水量也要足夠，才能讓全部的蔬菜浸潤其中，以免熟度不一影響口感與色澤。只要水再次回滾，立刻將青菜撈起。鍋裡的水可以用來煮麵，飯後洗碗，一點也不浪費。川燙蔬菜不像炒青菜，油早就用來炒了，燙青菜的油脂是燙好青菜後才拌入，這時候就可以使用平常很少吃到的油，來補充身體的不足，Omega-3 的油是平常幾乎吃不到，但卻非常重要的油，像：亞麻仁油或紫蘇油，這又是燙青菜的另一個好處喔！

point

植化素多半存在於植物的表皮纖維下、果核、菜莖皮下以及種子裡面等處，這些可能是被丟棄不吃的部分。但植化素可以幫助植物本身對抗過濾性病毒、細菌和真菌，而在人體上發揮抗氧化、增強免疫系統等功效。當今成為炙手可熱的營養來源，身價可說不同凡響。

1

2

3

川燙蔬菜拌醬：台式、日式、義式

中式醬汁

材料

- 純釀造薄鹽醬油 ………… ½小匙
- 蒜頭碎 ………… 1小匙

做法

超級搭配：茄子、地瓜葉、空心菜。（圖1）

日式醬汁

材料

- 純釀造薄鹽醬油 ………… ½小匙
- 現磨山葵 ………… 1小匙

做法

超級搭配：秋葵、四季豆。（圖2）

義式醬汁

材料

- 純釀造薄鹽醬油 ………… ½小匙
- 義大利高級紅酒醋 ………… 1小匙

做法

超級搭配：大陸妹、小白菜。（圖3）

18

潘師母的愛心無糖鮮奶茶

A－Z

Dark Chocolate｜黑巧克力

Milk｜牛奶

記得當時我在八大電視第一台，錄製「健康No.1」節目的時候，在錄影中間的空檔，我會懇請治裝小姐，幫我到樓下知名連鎖咖啡店買一杯熱的無糖奶茶，放鬆一下，享受人生，但因為每次算錢很麻煩，再加上他們說買個卡片有折扣，所以我就掏了一千元，交給治裝小姐代買了一張卡片，一開始覺得很方便，但過了一陣子，赫然發現，卡片經常需要補錢進去，我才驚覺花費其實並不便宜。

有一次，我回家跟潘師母閒聊時說漏了嘴，提到購買外面的奶茶，怎麼那麼耗錢，一千元撐不了多久。由於潘師母平常勤儉持家，一聽到我如此浪費，當下順著我的話，一直罵我浪費，害我啞口無言，乖乖聽訓，真的是優秀又勤儉的潘師母。幾天內，潘師母上網訂購各式紅茶，第一次買了二種茶，一是英國知名品牌的伯爵紅茶茶包，另一個是立體茶包的日月潭阿薩姆紅茶（台茶八號），首先，泡了一杯阿薩姆奶茶，讓我試試看味道。感覺比不上連鎖咖啡店的味道，但第一個感覺是外面的奶茶好像比較甜，經過我親自詢問店家的結果，發現了第一個重點，他們為求品質統一，根本不是現泡，而是現沖，意思是，他們是用粉末沖出來的，雖然品質可以保持一貫，但裡面卻不是完全無糖，而且粉末的成分可能含有乳化劑、調味劑、抗氧化劑、防腐劑、香料等化學添加物，也就是說奶茶裡面很可能沒有奶、也沒有茶，這真的是花錢又傷身。

再來，泡茶的方式也很重要，一開始，潘師母用燒開的熱水泡茶，總是喝不出茶的味道，完全被奶味蓋住，這就是我上面所說的，感覺上比不上連鎖咖啡店的味道，起初以為是熱水的溫度不夠，為了維持水的熱度，還要蓋上杯蓋。幾經研究才發現，茶味要夠濃，才能和奶味相抗衡，敲擊出奶茶中各自擁有茶及奶的味道。但切記茶味夠濃，絕不是使用多一點茶葉或茶袋（耗錢），也不是泡久一點（耗時），其實是使用鍋煮的方式，這樣才能快速且省錢的煮出茶的味道。另外，為了達到每次泡的茶濃淡都一樣，煮茶的時間需要計時，過長或太短味道都不一樣，讀者自己可以試一試，這是第二個重點。

再來，牛奶的品質因也會影響口感很多，現在超市有販賣非常多的小農牛奶，你可以挑選你自己認為最好的鮮牛奶，另外，我們了解全脂牛奶含有飽和脂肪，吃多了對心臟血管不好，因此突發奇想的使用低脂牛奶，結果是慘不忍睹，超級難喝，讀者切記奶茶要好喝，必須是全脂牛奶，低脂或脫脂的牛奶，香氣都不夠，只要大家每日攝取的飽和脂肪不超量，在這裡使用全脂牛奶是ＯＫ的。還有，就是要把牛奶先倒入杯子內，再倒入剛煮好的熱茶，利用熱茶的滾燙溫度沖出奶香，這又是第三個重點。

奶茶也能喝出健康？

後來，我們夫妻倆，愈做愈起勁，為了做出連鎖咖啡店奶茶上面的那一層奶泡，潘師母還上網訂購了一台奶泡機（大約台幣二千元），煞有其事地打起奶泡，奶泡打好之後用橡皮刮刀刮在奶茶最上面，喝起來跟連鎖咖啡店的味道就相差無幾囉！也可以在奶泡上灑上肉桂粉、可可粉，除了增加風味之外，肉桂還有促進新陳代謝、增加腸胃蠕動、幫助消化、抑制細菌等功效，可可富含多種植物抗氧化劑－類黃酮，能預防心血管疾病、提升心智功能、減緩皮膚老化、調節脂肪代謝等多種功效，對健康都有幫助。其實加了奶泡的奶茶，只是在一開始喝的時候，增加綿密的泡泡以及奶香，如果希望節儉的家庭，沒有奶泡機打奶泡也沒關係，真正好喝的還是奶茶本身。

至於適合泡奶茶的茶葉種類，除了阿薩姆紅茶之外，大吉嶺、錫蘭、伯爵、日月潭的紅玉紅茶（台茶十八號），還有中國大陸的滇紅、大紅袍等也都很適合，連我平常最喜歡喝的普洱茶，泡成奶茶，味道其實也很搭。伯爵茶是在紅茶中添加了佛手柑等獨特香氣的植物，口感特殊，飲後口中留有特殊韻味，阿薩姆紅茶的味道是幾種紅茶中比較濃烈的，而國人研發種植成功的日月潭紅玉紅茶（台茶十八號），有股甜甜的香氣，齒頰留香、令人難忘。以往我們有一個印象，認為所有茶包都是碎茶葉包裝而成的，其實不然，現在很多茶包的茶葉跟散裝的品質不相上下，所以只要選對茶葉的品種以及品牌，不論是散裝的茶葉、一般茶包或是立體茶包，泡出來的效果都很不錯。但茶包中茶葉的量並不是都一樣，有的一包二點五公克，有的一包四公克，可根據喜好的口感濃淡，放入適當的茶包數量。當然，同一種品牌、等級的茶葉，買散裝的，因為省去茶包的包裝費，價格相對便宜一些。在家泡奶茶，不僅健康，省錢，變化也多，更是培養夫妻感情、溝通家中意見的良機，真是何樂而不為呢？

料理小撇步

- 茶味要夠濃，需要用鍋煮茶包。
- 煮茶時間長短也影響口味的濃淡。

1

2

18

潘師母的愛心無糖鮮奶茶

製作方法

材料（兩人份）

- 水 ………… 600cc（約馬克杯七分滿，2杯）
- 紅茶 ………… 3茶匙（約12公克，相當於4公克的茶包3袋）
- 全脂牛奶 ………… 約200ml（約馬克杯半杯）

做法

A 將水煮開，加入茶葉或茶包，輕輕攪拌均勻，用最小火煮3分鐘後關火，再悶2～3分鐘。

B 牛奶先倒入杯中，用濾網過濾茶渣，將紅茶沖入杯中。

C 奶泡的做法：將50ml全脂牛奶加入奶泡機，加上蓋子，按下開關，開始打奶泡，奶泡完成時會自動停機，用橡皮刮刀將奶泡刮到奶茶最上層。（圖1）、（圖2）

point

紅茶：紅茶是一種全發酵茶，發酵作用使得茶葉中的茶多酚和鞣質酸減少，產生了茶黃素、茶紅素等新的成分和醇類、醛類、酮類、酯類等芳香物質。

肉桂粉：促進新陳代謝、增加腸胃蠕動、幫助消化、抑制細菌等功效。

可可粉：含多種植物抗氧化劑－類黃酮，能預防心血管疾病、提升心智功能、減緩皮膚老化、調節脂肪代謝等多種功效。

PART 4

吃出長命百歲的
健康養生便利貼

01

健康不能得負分

養生跟自己當學生時很像，一分努力一分收穫，成績很差的時候，只要多一點點努力，就很明顯能看得到進步。

當學生就是要每天多一分用功，考試成績就好一分。養生也是一樣要每天多一點好習慣，當身體遇到大考小考時，就比較容易過關，當然才有機會健康呷百二。

我知道喜歡考試的人非常罕見，就像喜歡生病的人也一定沒有。

不聽課不溫書的，考試碰運氣亂猜瞎矇，想說即使考不到一百分，至少也不能交白卷。這個時候，「倒扣」最顧人怨，明明一百題答對四十九題，卻被答錯的五十一題拖累，考成負一分，還不如交白卷。

吃東西也會得負分喔！當你打開冰箱，看一下你從超市買來的瓶瓶罐罐、大包小包的便利食物，包含醬料、飲料、速食包等，裡面所含的營養成分有多少？負分又是哪些？哪些成分在倒扣你的健康？別說那些黑心、化學添加物可能造成身體的負擔甚至傷害，若食材不新鮮、或過量鹽或糖也會在無形中傷身。如同西方醫學之父希波克拉底所說：「是病在找什麼人，而不是人得什麼病」、「讓食物成為你的藥。」

02

三代養生功力+DIY好處

我們知道，自己在家做料理，的確有很多好處，但無奈的是，如同考生要跟時間拔河，人生也是！誰都希望每天有多一點時間來保養身體做好食。許多人甚至以為：養生若不靠慢活，就得要忍受難吃。但這個觀念遇到我就要踢鐵板了。難吃很容易，好吃靠功力，求人不如求己。你可以快活養生，健康不一定耗時間。雖然，我沒辦法教唆你的時鐘走慢一點，不過，我可以教你花少一點時間：少一點時間準備養生餐、少一點時間走冤枉路，少一點時間走錯方向。因為養生這條路我們家走了好多年了，我也持續都在關注各種健康的食材、市場、與簡單的DIY方法。

話說我們家，從爸爸媽媽開始，即使處於貧困也要兼顧好吃健康，我個人在留美時期，三十多年前就開始自己動手做早餐、午餐、和晚餐，習慣沿襲至今，現在連海外求學的小女兒，也都能DIY做便利好吃健康的餐點。家裡能夠向大家獻醜的料理，我已在上一章把其中十八道最容易上手，快速、簡易、多變化、與好保存的食譜，分享給各位讀者，希望能夠倡導在家輕鬆做餐點的風氣。

在自家做菜，最大的好處，就是避免吃到健康被倒扣分，並且，還可以隨餐附贈三大附加價值：

一來，你可以在家創造自己喜歡的獨特口味。現代都會中，許多餐廳養了許多外食族，許多外食族養了許多餐廳，因為這些餐廳需要滿足大眾的口味，就把盤中飧弄得重口味，不僅讓人身體疲於處理負營養，也破壞了你的口味。要一家餐廳裡所有菜色料理都符合自己口味，真的很難找，所以不如在家自己做，求人不如求己。

再者，你可以在家創造衛生安全安心的美食。以商業成本掛帥的外食及速食生態中，最可惡、最可怕的是黑心食品，你無法預先知道哪些商家黑心，所以吃個飯也吃得忐忐忑忑。除了黑心食品，符合眾口味的重口味，也容易導致慢性病；外食最嚴重的問題還包括膳食纖維不足，影響消化與代謝。這些枝微末節大大小小問題，日積月累，不斷倒扣你的健康本。因此，自己動手做的食物，即使初期感覺麻煩了些，但至少一定樸實安心。

第三，你可以創造更和諧的家人關係。根據國家衛生研究院二〇一五年調查，國中與高中生的一日三餐中，早餐和午餐皆外食的人口超過八成，更有高達百分之六十八的國人三餐皆仰賴外食，這個狀況不僅對健康產生影響，更重要的是已經影響到了家庭成員間互動時間大幅度減少的問題。想想看，為了增進交流、培養感情，你會跟同事吃飯、會跟客戶吃飯，但卻少了跟家人吃飯的時間，合理嗎？現在全世界都在推廣一天三餐至少晚餐必須在家與家人共享，對忙碌工作的人或學生來說，晚餐比較可能回家做，然後一家人團圓，坐著慢慢吃，因此，如果能在家自己動手做餐點，不僅能夠增進親子互動關係，更能聊聊怎麼做，怎麼吃的變化，進一步培養下一代注重與尊重自己的身體及食物的正向觀念，這是非常重要的「食」的附加價值。

03

十八道養生便利貼隨你變

「話說天下大勢，分久必合，合久必分」，這是《三國演義》第一回的第一句話，意指從周末戰國到漢末三國時期的六七百年間，在中國版圖上，各國不斷地分分合合。我們台灣的飲食習慣，也有這樣的態勢循環，譬如中西分壘與中西合璧、單食與混食。

所以，我的十八道養生食譜裡面，大多屬於可分可合，可以單獨食用、也可以彼此搭配，不是硬邦邦死板板的是非題，而是你可以自己添加選項的多重選擇題，在一日三餐裡面都很容易搭配。所以，你無須立刻轉換你的飲食模式，也無須立刻冰箱大搬風，只要每週花一點時間準備，漸漸地建立好習慣，每天做一點點來搭配，就能享受變化豐富的ＤＩＹ料理，像便利貼一樣，能隨興地貼進你的「我的餐盤」[1]，讓你的餐盤更精彩有料，真的，一定是有做就有得分，一步一腳印，再過一年你回頭看，絕對不虛此行！若再執行個三年五年，你就再也不會回去那台裝滿負分的舊冰箱了。

1——二〇〇七年國民健康署依照「每日飲食指南」首度公布國人「我的餐盤」圖像，協助民眾落實均衡飲食之健康生活型態，將每日應攝取的六大類食物：全穀雜糧、豆魚蛋肉、蔬菜、水果、乳品及堅果種子等，依每日應攝取的份量轉換成體積，並以餐盤之圖像呈現各類別之比例。

我的餐盤——
聽明吃・營養跟著來

乳品類

每天早晚一杯奶

每天1.5-2杯（1杯240毫升）

水果類

每餐水果拳頭大

在地當季多樣化

蔬菜類

菜比水果多一點

當季且1/3選深色

堅果種子類

堅果種子一茶匙

每餐一茶匙，約杏仁果2粒、腰果2粒或核桃仁1粒

豆魚蛋肉類

豆魚蛋肉一掌心

豆＞魚＞蛋＞肉類

全穀雜糧類

飯跟蔬菜一樣多

至少1/3為未精製全穀雜糧之主食

MILK

我的餐盤範例

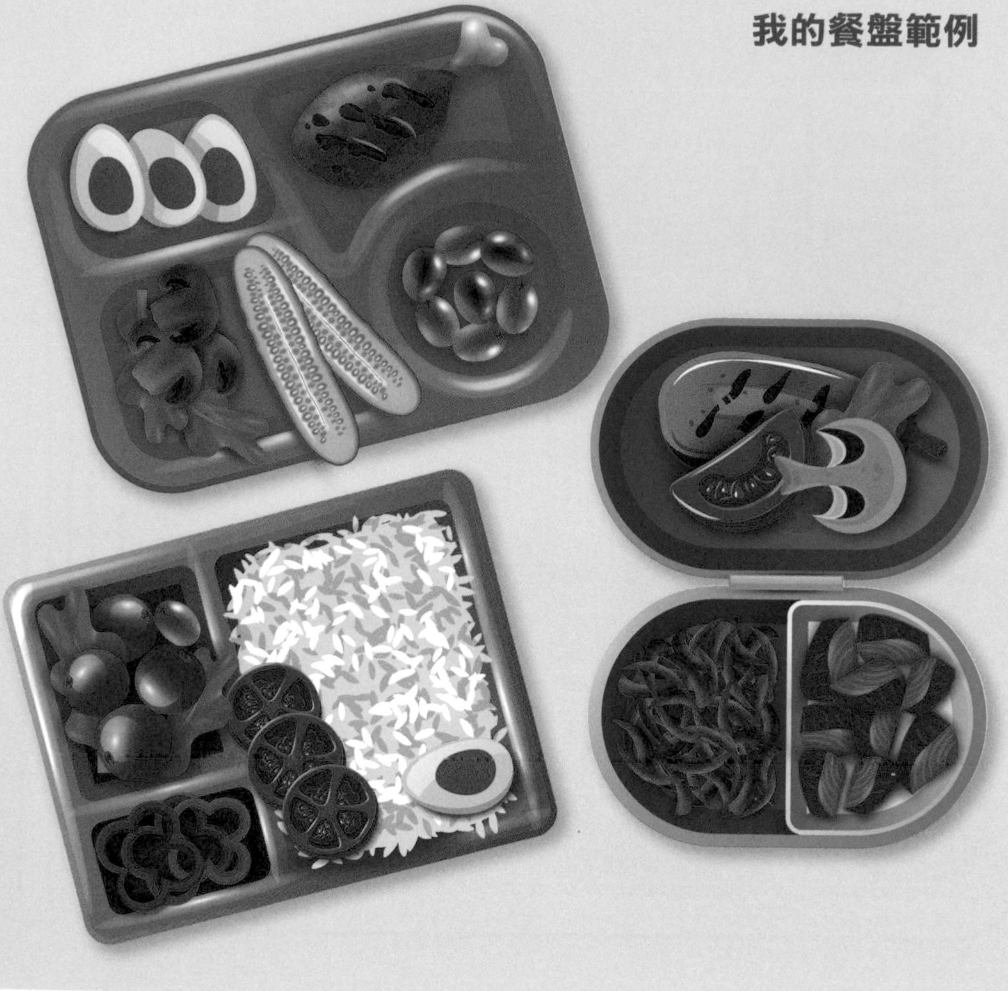

04

應用題

擇期不如撞日，今天你就找一道你可以做的DIY餐。

我先簡單設計幾種配方，讓養生族可以參考，根據你的養生飲食階段，略分為三個類別：**新生班**、**速成班**、與**用功班**。

新生班

對剛起步學習養生飲食的新手，我建議從不需要特殊器材就能做的基本調味配料著手，這樣你烹調的時候，無論煮什麼中西料理，就能方便使用快速健康的調味料；若習慣冷飲甜品者，則要大幅度減少市售糖分普遍超高的甜點，但因為你無法立刻戒掉甜點，就可以運用食譜中的甜點，補充需要的多元營養素。

在十八道料理中，包含 2 優格、6 酢醬、15 增鮮粉、16 水果沙拉醬、18 奶茶。先準備這五道。你不一定要在一開始時，就一股腦地全部都學，這樣會挺累的，可以一天做一道，慢慢養成習慣，逐漸進入養生美味的領域去感受。

活力早鳥新生早餐

燕麥片粥
+
原味堅果
+
果乾

+

18 潘師母愛心無糖奶茶

+

16 自製水果口味沙拉醬
+
新鮮小黃瓜條
+
聖女小番茄

=

營養成分：蛋白質、醣類、維生素A、B、C、E、K、膳食纖維、礦物質鈣、鐵、磷、鉀、鈉、銅、鎂、鋅、硒、鉻及多種胺基酸、脂肪酸Omega 3、6、9、茄紅素。

變化

燕麥片粥可以堅果雜糧麵包替代、無糖奶茶可以牛奶或豆漿替代、水果沙拉醬可自行搭配各種新鮮蔬菜水果。

＋ 6 潘爺爺眷村味酢醬
＋
市售蕎麥麵條
＋
蔬菜

＋ 2 完全不酸的
牛奶自製優格
＋
水果丁

＝ 營養成分：蛋白質、膳食纖維、維生素B、C、E、K、礦物質鈣、益生菌、茄紅素。

變化

眷村味酢醬也很適合搭配自製全麥麵條、或者白米飯、糙米飯、或者雜糧飯，就成了另類滷肉飯。

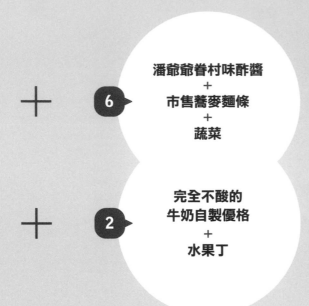

歡聚晚食 新手晚餐

糙米飯

＋

15 自製增鮮粉
＋
豆腐鮮魚蔬菜湯

＋

18 潘師母愛心無糖鮮奶茶

＋

新鮮水果

＝

營養成分：蛋白質、醣類、維生素A、B、C、多元不飽和脂肪酸Omega3、天然胺基酸（麩胺酸、核甘酸）、礦物質碘、鈣。

變化

糙米飯也可用雜糧飯、燕麥片粥替代。自製增鮮粉適合所有中西式湯品，你可以用雞湯、或是其他富含蛋白質的肉類取代。無糖鮮奶茶，偶而嘴饞自行搭配一塊蛋糕也可以。

速成班

許多因忙碌而觀望，遲遲未動手的養生潛在族，或者臨時某段時間會比較忙，譬如準備大考、出國、裝修，時間已經卡得焦頭爛額的人，就儘量做製作快速、保存期長、可冷藏／冷凍取用的養生主食與調味，其他食材可暫時用市售品替代，這樣你可以一次準備一週或甚至一個月的量保存，無須每天花時間做，也可以享受風味DIY餐。這十八道中包含❺醉雞、❻酢醬、❼堅果雜糧麵包、❾酒醋蛋、⓫全麥麵條、⓬無糖含渣豆漿、⓯增鮮粉這七道。你需要準備的器材有豆漿機、自動麵包機、自動製麵機。

活力早鳥 速成早餐

＋ 7 自製雜糧果乾麵包
＋
荷包蛋
＋
蔬菜

＋ 12 含渣無糖豆漿

＝ 營養成分：蛋白質、醣類、維生素、膳食纖維、礦物質鈣、鎂、鉀、鋅、多元不飽和脂肪酸Omega-3。

變化

無糖豆漿若加入蔬菜一起打的話，已經有蔬菜的營養素，麵包可以省略夾蔬菜更省時，當然多吃蔬菜更好。
麵包夾蛋與蔬菜，也可以分開食用，用水煮蛋取代荷包蛋，加生菜沙拉。

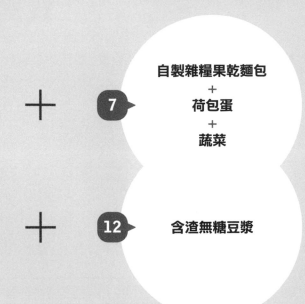

簡便午餐 速成午餐

11 自製全麥麵條（或糙米飯）+潘爺爺眷村味酢醬+蔬菜

＋ 9 紅酒醋蛋

＋ 新鮮水果

＋ 原味堅果

＝ 營養成分：蛋白質、醣類、維生素B、C、E、K、膳食纖維、礦物質、多元不飽和脂肪酸、益生菌。

變化

眷村味酢醬也能搭配米飯，建議用糙米飯或雜糧飯，補充膳食纖維與礦物質，但若用飯取代拌麵，則蔬菜要另外加。紅酒醋也可以沾蔬果棒，增加蔬果口感層次。

歡聚晚食 **速成晚餐**

＋ 糙米飯或胚芽米飯

＋ 5 酒香四溢的紹興醉雞

＋ 15 自製快速增鮮粉 ＋ 蔬菜蘿蔔湯

＋ 新鮮水果

＝ **營養成分：蛋白質、醣類、維生素A、B、E、膳食纖維、卵磷脂、礦物質鋅、硒、膽鹼。**

變化

主食米飯也可以用堅果雜糧饅頭取代，饅頭與醉雞都可以沾醉雞的湯汁，另有風味。快速增鮮粉適合所有中西式湯品，你可以隨興搭配，不過須記得蔬菜後下，湯再滾時就關火，蔬菜立即撈起，取川燙概念。

用功班

現在你已經試過ＤＩＹ餐了，或者你原本就是有養生習慣的人，當然就可以進階全方位到ＤＩＹ的養生料理，隨時都能用不同變化，彈性搭配出營養健康的三餐。

活力早鳥用功早餐

+ 8 養生雜糧饅頭

+ 12 無糖含渣蔬菜豆漿

+ 9 養生紅酒醋佐水煮蛋

+ 新鮮水果

＝ 營養成分：蛋白質、醣類、Omega3多元不飽和脂肪酸、維生素、植化素、礦物質、膳食纖維、卵磷脂、膽鹼、黃烷醇、益生菌。

變化

主食饅頭也能添加根莖類蔬果製作，用堅果雜糧麵包取代也可以。飲料豆漿若改成鮮奶的話，則要補充蔬菜的含量，譬如買一盒生菜水果沙拉搭配自製水果口味沙拉醬，避免用市售的沙拉醬。

＋ 13 酪梨青醬蛤蠣
義大利麵
＋
蔬菜

＋ 18 潘師母愛心
無糖奶茶

＋ 16 自製健康
水果口味沙拉醬
＋
蔬菜
＋
水果

簡便午餐

用功午餐

＝ 營養成分：蛋白質、Omega3多元不飽和脂肪酸、維生素、礦物質、植化素、膳食纖維、卵磷脂、膽鹼、黃烷醇。

變化

主食若沒有準備青醬，也可以用自製快速增鮮粉或者眷村味酢醬製作乾拌麵。蔬菜熟食加生食，養分更豐富。

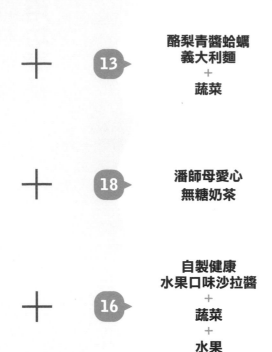

歡聚晚食 用功晚餐

＋ 糙米飯

＋ 4 台式即時泡菜

＋ 5 酒香四溢的紹興酒醉雞

＋ 10 家鄉味素烤麩

＋ 1 潘奶奶的甜酒釀

＋ 14 健康勾芡利器＋蔬菜

＋ 水果

＝ 營養成分：蛋白質、醣類、水溶性膳食纖維、維生素、植化素、胺基酸、有機酸、鈉、鉀、益生菌、無機鹽。

變化

因為甜酒釀含酒精，對於需要開車或者上班上學的人，最好晚餐或不上班食用。水果若切丁，與甜酒釀一起吃，有雞尾酒的風味。

05

為自己的長壽儲蓄「身體健康本」

除了揉麵糰需要一些吃奶的力氣，其他十七道料理的製作程序都不費力，有了各種方便ＤＩＹ的家庭用調理機、製麵機、麵包機等，到一百歲你在家都可以輕鬆準備這些ＤＩＹ養生基本配方。

無論你是認真的家庭主婦、認真的上班族、甚至認真的外地學生，相信你都能輕易上手這些健康養生的飲食計畫。當然，如果你是已經退休，準備活出精彩樂活的人生，那麼就更需要健健康康的來享受生命，除了要有樂活的態度，也要有能力準備DIY養生健康飲食，兩者相輔相成，竟其全功。

靠山山倒、靠人人跑、靠自己最好。自己學會一兩招健康養生料理，自由自在搭配健康的飲食習慣，為自己的長壽儲蓄「身體健康本」、更為自己的家人歡聚投資「家庭健康本」，一舉數得，何樂而不為呢！

傳家健康菜

潘懷宗博士的三代養生食譜＋長壽要訣，讓你健康多活40年

作者	潘懷宗、游謦榕
主編	洪季楨
封面設計	化外設計
內頁排版	化外設計
發行人	許彩雪
總編輯	林志恆
行銷企劃	黃怡婷
出版	常常生活文創股份有限公司
地址	台北市106大安區信義路2段130號
讀者服務專線	02-2325-2332
讀者服務傳真	02-2325-2252
讀者服務信箱	goodfood@taster.com.tw
讀者服務專頁	https://www.goodfoodlife.com.tw/
法律顧問	浩宇法律事務所
總經銷	大和圖書有限公司
電話	02-8990-2588（代表號）
傳真	02-2290-1628
製版印刷	科億資訊科技有限公司
初版一刷	2020年02月
定價	新台幣450元
ISBN	978-986-98096-6-5

國家圖書館出版品預行編目（CIP）資料

傳家健康菜：潘懷宗博士的三代養生食譜＋長壽要訣，讓你健康多活40年／潘懷宗，游謦榕作. -- 初版. -- 臺北市：常常生活文創, 2020.01
面； 公分
ISBN 978-986-98096-6-5(平裝)

1.食譜 2.養生

427.1 109000130

FB｜常常好食　　網站｜食醫行市集

傳家健康菜

潘懷宗博士的三代養生食譜＋長壽要訣
讓你健康多活40年

著——潘懷宗、游謦榕

自序1

自食其力

——潘懷宗博士

吃，是人生大事，面對口腹之慾，很多人是經不起誘惑的。吃超多，就算不是黑心食品而且是超級營養食物，也同樣會造成身體負擔，產生肥胖，引發許多疾病，像是糖尿病、心臟病、高血壓、高血脂等。也有的人，生活飲食相當克制，根本沒有吃多，但可惜的是，吃到了黑心食品，餿水油、工業原料、致癌物等等，任誰都會很氣憤，想想看，養生養得這麼認真，千忍百忍了口腹之慾，到頭來卻栽在黑心商人的手上，肯定嘔。上述這兩種情形還是單純的特例，社會上大部分的人則是混而有之，什